10대가 알아야 할
핵의 역사

문경환 지음

10대가 알아야 할 핵의 역사

1판 1쇄 발행 2023년 2월 25일

글—문경환
편집디자인—전나리
종이—신승지류유통(주)
인쇄 제본—상지사 P&B
펴낸곳—도서출판 나무야
펴낸이—송주호
등록—제307-2012-29호(2012년 3월 21일)
주소—(03424) 서울시 은평구 서오릉로 27길 3, 4층
전화—02-2038-0021
팩스—02-6969-5425
전자우편—namuyaa_sjh@naver.com

ⓒ 문경환, 2023, Printed in Korea
ISBN 979-11-88717-28-6 43550

10대가 알아야 할
핵의 역사

20장면으로 보는 '원자핵'의 과학사

문경환 지음

나무야
Namuyaa Publisher

인류는 안전하고 평화로운 세상을 만들 수 있을까?

원자력발전소와 핵발전소, 어느 게 맞는 표현일까?

똑같은 핵분열 반응을 이용하는 무기로 핵폭탄이 있다. 과거에는 원자폭탄이라고도 했는데 요즘은 대부분 핵폭탄이라 부른다. 과학자의 입장에서 원자폭탄, 원자력발전소는 그리 적절한 표현이 아니다. 우리가 이용하는 것은 핵반응이지 원자의 반응이 아니다. 원자의 반응은 화학반응이며 핵반응에서 나오는 에너지와는 비교도 안되는 작은 에너지만 나온다. 따라서 핵폭탄, 핵발전소라 부르는 게 정확하다. 하지만 보통 무기에는 '핵'을 붙이고, 발전소에는 '원자력'을 붙인다. 핵발전소가 위험하지 않다는 이미지를 심어주기 위해서다. 그래서 찬핵론자는 원자력발전소, 반핵론자는 핵발전소라는 표현을 즐겨 쓴다.

2018년 문재인 정부가 탈핵정책을 표방하고 수명이 다한 핵발전

소를 폐기하자 반핵론자들은 크게 환영했다. 그러나 얼마 안 가 해외 원전 수출을 결정하자 이번에는 찬핵론자들이 지지를 보냈다. 많은 이들은 일관성 없는 정책이라며 혼란스러워했다.

대체 핵발전소가 무엇이기에 사람들이 이토록 관심을 갖는 걸까?

핵발전소는 막대한 전기를 생산해 산업 발전을 이끌고 풍요를 보장한다. 그러나 방사선이 수십 년에서 수만 년 동안 지속되는 핵폐기물은 처리하기 마땅치 않은 골칫거리다. 일본 후쿠시마 핵발전소 사고에서 보듯 100% 안전한 핵발전소란 존재할 수 없다. 핵발전소는 인류에게 축복이 될 수도, 재앙이 될 수도 있는 것이다.

핵발전소는 핵무기 개발로 이어질 수도 있다. 물론 국제사회의 철저한 감시가 있지만, 마음만 먹으면 충분히 핵무기를 개발할 수 있다. 핵전쟁 위험에 가장 많이 노출된 한반도의 우리에게 이 문제는 더욱 심각하다. 이미 지구상에는 인류를 전멸시키고도 남을 핵무기가 있다. 인류는 진정 안전하고 평화로운 세상을 건설할 수 없는 것일까.

사회가 발전할수록 사회 문제에 대한 국민의 참여가 중요하다. 이윤만을 추구하는 기업, 기업을 감시하고 통제하기엔 무기력한 정부, 기업과 정부의 편에서 여론을 움직이는 소수 엘리트들. 이런 정부와 기업, 소수 엘리트에게 우리의 운명을 맡기기에는 너무 위험한 사회가 되어 버렸다. 정부와 기업의 결정을 끊임없이 감시해야 하지만 이것도 뭘 알아야만 할 수 있다. 인터넷 공간에서 쏟아지는 온갖 정보 속에서 진실과 거짓, 속임수와 유언비어를 걸러낼 능력을 키워야 하는 이유다.

이 책을 준비하게 된 이유가 여기에 있다. 여기서는 핵발전이나 핵무기 제조 기술에 대한 전문지식을 늘어놓지는 않을 것이다. 이것은 그 분야의 전문가가 아니면 알기 어렵다. 어설픈 전문지식이 오히려 모르는 것만 못한 결과를 낳기도 한다. 하지만 핵 개발의 역사와 이를 둘러싼 국제사회의 다양한 입장과 갈등을 이해하게 된다면 전문지식이 다소 부족하더라도 합리적인 판단을 내릴 수 있다. 이 책이 인류의 평화와 안전, 행복을 위한 걸음에 조금이나마 도움이 되기를 기대한다.

독자들이 흥미롭게 읽을 수 있도록 이야기의 힘을 빌어 써 내려갔다. 독자들에게 어떻게 다가갈지 자못 궁금하다. 본문 곳곳에 역사 속 인물들의 대화들이 나오는데, 사실에 근거한 것이지만 가상의 설정도 있음을 미리 밝혀 둔다.

원래는 중학생도 쉽게 이해할 수 있는 책을 구상했으나 쓰다 보니 핵물리학의 기초 지식이 많이 담겨서 그 수준을 넘는 책이 되어 버린 듯하다. 일부는 고등학교 물리 교과서처럼 건조해지고 말았다. 핵물리학에 관심 있는 사람에게는 도움이 되겠지만, 아니라면 그냥 넘어가더라도 전체 내용을 이해하는 데 크게 지장은 없을 것이다.

차례

☢ **핵무기 없는 세상은 가능한가?**

☢ 핵폭탄, 그리고 핵발전소

☢ 원자의 발견부터 핵분열의 발견까지

우주의 탄생

태초에 빛이 있었다.

빛이 사방으로 뻗어 나가면서 우주도 급격히 팽창했다. 찰나의 순간이 흐르고 우주에는 '힉스 보손'Higgs boson이 처음 등장했다. 이후 쿼크quark와 전자가 탄생했다. 우주 탄생 1초가 가기 전에 쿼크가 모여 양성자와 중성자가 되었다. 그리고 3분이 지나 양성자와 중성자가 만나 최초의 원자핵이 합성되었다. 세월이 흘러 37만 년 후 우주를 떠돌아다니던 전자가 원자핵을 만나 최초의 원자가 탄생했다. 다시 억겁의 시간이 흐르면서 원자가 모여 별이 되었다. 별은 수소보다 무거운 탄소, 산소, 질소 등을 만들었고 최후의 순간 초신성이 되어 폭발하면서 철과 더 무거운 원소들을 만들었다. 별이 모여 은하가, 은하가 모여 은하단이 되었다.

80억 년의 시간이 흐르고 우주의 변방에 있는 한 은하에 특이할 것 없는 별이 하나 탄생했다. 그 별 주위를 도는 여러 행성 가운데 안쪽 세 번째 행성에서 '인간'이란 존재가 출현하여 우주의 비밀을 알아줄 때까지 다시 46억 년의 시간이 흘렀다.

전쟁은 수많은 종류의 무기를 만들어냈다.
이 가운데는 인류에게 끔찍한 고통을 안겨준 무기들도 있다.
하지만 그 어떤 무기도 핵무기만큼 단 한 발로 10만 명 이상의 사람을 죽인 무기는 없을 것이다.
핵무기는 가히 악마의 무기라 부를 만하다. 이런 핵무기는 어떻게 탄생했을까?

비키니섬 핵실험

악마의 무기,
핵폭탄을 만들다

10대가 알아야 할 핵의 역사 ⋮

아인슈타인은 그 유명한 공식 E=mc²을 발견했다. 1kg의 질량이 사라지면 9경 줄」이라는 어마어마한 에너지가 나온다는 것이다. 폭발력으로 따지면 TNT 2천만 톤₁이 한꺼번에 터지는 수준이다. 문제는 질량을 어떻게 에너지로 바꾸느냐. 물리학자들은 핵변환 실험을 하다가 우연히 그 방법을 찾아냈다.

#장면01 #알베르트_아인슈타인 #레오_실라르드

얼마나 무서운 결과를 불러올지
아무도 몰랐다

아인슈타인의 편지

"그래, 한번 얘기 좀 해 보게. 이건 자네가 완성한 이론 아닌가."

실라르드Leo Szilard는 아인슈타인Albert Einstein을 재촉했다. 아인슈타인은 할 말이 없었다. 이들이 정말 몰라서 묻는 건 아니지 않은가. 다만 그는 질량이 줄어들면서 엄청난 에너지가 나온다는 자신의 아이디어가 이토록 빨리 현실에서 응용될 줄은, 그리고 그것이 제일 먼저 신무기 개발에 이용될 줄은 생각지도 못했을 뿐이다. 결국 아인슈타인은 실라르드의 요청을 받아들여 미국 대통령에게 보내는 편지에 서명했다. 이 편지가 훗날 얼마나 무서운 결과를 불러올지는 당시만 해도 아무도 몰랐다.

상대성이론을 발표하면서 현대 물리학의 서막을 열었던 아인슈타인은 각국의 초빙을 받으며 바쁜 나날을 보냈다. 1933년 미국 뉴저지 주 프린스턴에 새로 설립될 고등연구소의 교수직을 제안받은 아인슈타인은 이곳을 자신의 여생을 보낼 곳으로 선택했다. 그 시기 아인슈타인의 모국인 독일은 혼란의 시기를 겪고 있었다. 총리로 임명된 히틀러Adolf Hitler는 군국주의와 유태인 박해에 매달렸다. 유태인이었던 아인슈타인은 독일 시민권을 포기하고 미국에 망명했고, 히틀러 정부는 아인슈타인의 재산을 몰수하면서 현상금까지 내걸었다. 히틀러의 광기를 피해 미국에 정착했지만 아인슈타인의 근심은 사라지지 않았다.

당시 독일에서는 핵물리학이 빠르게 발전하고 있었다. 중세 유럽의 연금술사들이 납으로 금을 만들려다 결국 실패했지만, 핵물리학자들은 실제로 금속의 종류를 바꾸는 데 성공했다. 그 비결은 바로 중성자다. 원자의 종류를 결정하는 건 원자핵이고, 원자핵은 양성자와 중성자로 이루어져 있다. 정확히 말하면 양성자의 개수가 원자의 종류를 결정한다. 그런데 원자핵에 중성자를 쏘면 충돌해 중성자 개수가 늘어나고 다시 중성자가 양성자로 변하면서 원자의 종류가 바뀐다. 예를 들어 양성자 개수가 78개인 백금 원자에 중성자를 하나 붙이면 중성자 개수가 하나 늘었다가 양성자로 바뀌면서 양성자 개수가 79개인 금 원자가 된다. 물론 백금이 금보다 더 비싸기 때문에

$E = mc^2$.
질량은 에너지로 전환될 수 있고
그 에너지는 어마어마하게 크다.
만약 이걸 무기에
사용한다면…

알베르트 아인슈타인(1879~1955)

이런 걸로 금을 대량 생산하지는 않는다.

핵물리학자들은 원자핵 반응을 통해 새로운 원자핵들을 만드는 재미에 빠졌다. 자연에 존재하는 가장 무거운 원소는 우라늄이다. 물론 우라늄보다 더 무거운 넵투늄이나 플루토늄도 있기는 하지만 너무 희귀해서 보통은 우라늄을 가장 무거운 원소라고 부른다. 우라늄에 중성자를 쏘면 자연에 없는 인공원소를 만들 수 있을 것이다. 핵물리학자들은 우주의 창조자가 된 기분으로 새로운 인공원소를 만들려는 시도를 했다. 독일의 과학자 오토 한Otto Hahn과 프리츠 슈트라스만Fritz Straßmann도 마찬가지였다. 1938년, 이들은 우라늄에 중성자를 쏘았지만 기대했던 결과를 얻지 못했다. 오히려 엉뚱하게 우라늄보다 훨씬 가벼운 원소들이 만들어졌다. 이들은 고민 끝에 중성자에 맞은 우라늄 원자핵이 쪼개졌다고 결론 내렸다.

그런데 우라늄 원자핵이 쪼개지면서 튀어나온 중성자가 다른 우라늄 원자핵을 쪼개는 연쇄반응이 일어났고 이 과정에서 질량이 줄어드는 괴이한 현상이 나타났다. 줄어든 질량은 에너지로 전환되는데, 아인슈타인의 이론에 따르면 그 에너지가 화학반응과는 비교가 되지 않을만큼 어마어마했다. 만약 이걸 무기에 사용한다면? 화학반응을 이용한 화약이나 다이너마이트와는 차원이 다른 폭탄을 만들 수도 있는 것이다.

1939년 4월, 독일은 원자력 프로젝트를 개시했고 자신들이 점령

한 체코슬로바키아의 우라늄 광산 판매를 중단시켰다. 이 조치는 본격적인 핵폭탄 개발을 암시했다. 위기감을 느낀 핵폭탄 이론의 아버지 실라르드는 아인슈타인을 찾아갔다. 그는 2차 세계대전 발발이 초읽기에 들어갔고 만약 히틀러가 핵폭탄을 만들면 인류는 끔찍한 상황을 맞을 것이라고 아인슈타인을 설득했다. 이들은 미국 대통령 프랭클린 루스벨트Franklin Roosevelt에게 핵무기 개발을 요청하는 편지를 보내기로 결정했다. 실라르드, 텔러Edward Teller, 위그너Eugene Wigner가 편지를 썼고 아인슈타인이 함께 서명을 했다.

1939년 8월 2일, 루스벨트에게 보낸 편지에는 다음과 같은 내용이 실렸다.

"지난 4개월 동안 미국의 페르미Enrico Fermi와 실라르드, 그리고 프랑스의 졸리오Jean Frédéric Joliot-Curie의 연구 성과에 따르면, 많은 양의 우라늄으로 핵분열 연쇄반응을 만드는 것이 가능해 보입니다. 이 연쇄반응은 엄청난 에너지와 대량의 새로운 원소를 만들어냅니다. 이는 가까운 미래에 확실히 가능한 일입니다. 이러한 새로운 과학적 발견은 엄청나게 강력한, 새로운 유형의 폭탄 제조로도 이어질 수 있습니다. 단 한 발만 보트에 실어 항구로 보내 이 폭탄을 터트리면, 항구 전체와 주변 지역을 모조리 파괴할 수 있을 것입니다."

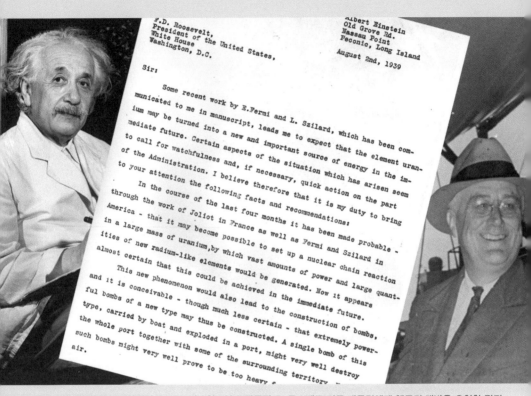

▲ 아인슈타인과 실라르드가 1939년 8월 2일 프랭클린 D. 루스벨트 미국 대통령에게 핵무기 개발을 요청한 편지. 이 편지에 서명한 물리학자들은 나치 독일이 먼저 핵무기를 개발하는 것을 두려워했다.

그러나 이 편지는 즉각 전달되지 않았다. 누구를 통해 보낼지가 문제였다. 그러는 사이 9월 1일, 2차 세계대전이 일어났다. 루스벨트와 친분이 있는 알렉산더 작스Alexander Sachs가 편지를 전달한 건 두 달도 더 지난 10월 11일이었다. 그런데 루스벨트는 시큰둥한 반응을 보였다. 그가 볼 때는 세상 물정 모르는 과학자들이 확실치도 않은 정보를 가지고 호들갑을 떠는 것 같았다. 미국연방수사국 FBI는 아인슈타인을 신뢰할 수 없다고 보고했다.

답답해진 아인슈타인은 1940년 3월 7일과 4월 25일에 또다시 루스벨트에게 편지를 보냈고 대통령 과학 자문역인 버니바 부시Vannevar Bush와 영국 수상 윈스턴 처칠Winston Churchill도 루스벨트를 압박했다. 여기에 핵무기 개발을 의결한 영국 우라늄위원회MAUD의 결론을 전달받은 루스벨트는 그제야 핵무기 개발을 승인했다. 그리고 일본의 진주만 공습 하루 전인 12월 6일 맨해튼 프로젝트가 시작됐다. 무려 2억 달러, 지금 가치로 대략 25억 달러 정도의 예산이 투입됐다.

Instagram

 10대가 알아야 할 핵의 역사

핵분열을 통해 엄청난 에너지를 만들 수 있다는 사실이 알려지자 전쟁 중인 여러 나라가 이를 이용한 무기 만들기에 나섰다. 핵무기 개발 경쟁에는 당연히 독일도 뛰어들었다. 그러나 핵무기 개발이 그렇게 단순한 작업은 아니었다. '노르웨이 중수 파괴' 계획은 독일의 핵무기 개발을 막아낸 작전이었다.

#장면02 #노르웨이_중수_생산_시설 #아돌프_히틀러

분홍 코끼리 세 마리

히틀러의 핵무기 개발을 막아라!

눈 쌓인 숲속에서 한 무리의 사람들이 스키를 타고 걸어오고 있었다. 눈 위에 서 있던 한 남자가 잔뜩 긴장한 표정으로 오늘 아침에 뭘 봤냐고 물었다. 스키를 탄 사람 중 한 명이 "분홍 코끼리 세 마리"라고 답했다. 대답을 들은 남자는 급히 영국군 특수작전수행대SOE에 이 사실을 전했고 SOE는 곧바로 다음 작전에 돌입했다. 이 남자의 이름은 토르스테인Torstein Skinnarland, 노르웨이 베모르크에 있는 뫼스바튼 댐 기술자의 동생이다. 이들은 나치 독일의 핵 개발을 막기 위해 비밀 작전을 수행 중이었다.

2차 세계대전은 연합국과 추축국框軸國, Axis Powers의 전쟁이었다. 미

▲ 노르웨이 베모르크 수력발전소. 중수는 이곳 지하실에서 생산되어 저장되었다.
이 건물은 1943년 11월 연합군 폭격기의 표적이었다.

국, 소련, 영국, 중국, 프랑스 등이 연합국의 주요 국가였고 독일, 이탈리아, 일본 등이 추축국의 주요 국가였다. 오늘날 국제연합UN은 연합국의 후신이다. 두 세력은 전쟁 승리를 위한 신무기 개발에 매달렸고 핵무기도 그 가운데 하나였다.

연합국 측은 추축국 측이 뫼스바튼 댐 수력발전소에서 비료 생산의 부산물로 나온 중수重水를 독일로 빼돌려 핵 개발에 사용할 계획임을 알아차렸다. 영국군은 노르웨이 레지스탕스와 손잡고 중수의 독일 반입을 막기 위한 그로스 작전Operation Grouse을 가동했다. SOE 대원들은 물론 노르웨이 레지스탕스도 중수가 왜 핵 개발에 필요한지 그에 대해서는 전혀 알지 못했다.

"다시 설명해 주시죠. 노르웨이의 댐을 폭파시키라고요?"

SOE 대장 찰스 함브로Charles Hambro 경이 고개를 갸웃거리며 과학 사문위원에게 물었다.

"정확히는 댐 전체를 폭파하는 게 아니라 댐에 있는 중수공장을 폭파하는 겁니다."

"그 중수란 게 대체 뭐요?"

"중수란 중수소와 산소가 결합한 물입니다. 물을 화학기호로 쓰면 H_2O죠? 수소 원자 두 개와 산소 원자 한 개가 결합하면 물 분자 하나가 된다는 뜻입니다. 그런데 보통 수소의 원자핵은 양성자 하나

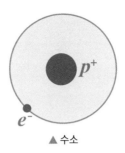

▲ 수소

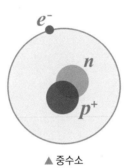

▲ 중수소

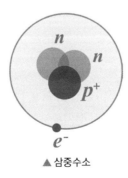

▲ 삼중수소

※ p:양성자, n:중성자

로 이루어져 있는데 가끔 양성자에 중성자가 붙어 있는 수소가 있습니다. 이를 보통 수소보다 두 배 무겁다고 해서 중수소라 부릅니다. 중수소로 된 물을 중수라고 하고요."

"그런데 그 무거운 물하고 독일군의 신무기 개발이 대체 무슨 관계라는 거요?"

과학자문위원은 SOE 대장을 보면서 참 꼼꼼한 사람이라고 생각했다. 보통은 자신이 해야 할 일만 파악하고 마는데, 이 사람은 그게 아닌 모양이었다.

'최신 과학에 관심이 많거나 작전 수행 시 주의해야 할 점을 정확하게 알아두려는 의도겠지. 자기 임무에 대한 책임감이 무척 강한 사람이겠군.'

과학자문위원은 이렇게 생각하며 설명을 이어갔다.

"그러니까…… 핵무기를 만들려면 우라늄-235가 필요합니다. 우라늄-235라는 건 원자핵의 질량수, 즉 양성자와 중성자가 총 235개 있는 우라늄을 말합니다. 우라늄 원자핵의 양성자는 92개로 정해져 있으니 중성자가 143개라는 소리죠. 이 우라늄-235가 중성자에 맞으면 쪼개지면서 막대한 에너지를 내뿜습니다. 그런데 자연에는 우라늄-235가 희귀합니다. 우라늄 자체도 흔치 않은데 전체 우라늄의

0.7%만 우라늄-235입니다. 대부분의 우라늄은 중성자가 146개인 우라늄-238인데 이걸로는 핵분열을 일으킬 수 없습니다. 그래서 핵폭탄을 만들려면 우라늄 가운데서도 우라늄-235만 모아야 합니다. 이걸 우라늄 농축이라고 하는데, 돈이 많이 듭니다."

여기까지 설명하고서 과학자문위원은 SOE 대장의 눈치를 살폈다. 이쯤 되면 그만하라고 손을 내저을 만도 한데, 그는 표정 변화 하나 없이 진지하게 듣고 있었다.

'쳇, 끝까지 설명해야겠군.'
과학자문위원은 귀찮았지만 긴 설명을 이어가야 했다.

"우리 연합군에 비해 자금 조달에 쪼들리던 나치 독일은 우라늄 농축 대신 플루토늄 추출 방식을 선택했습니다. 우라늄-238에 중성자를 쏘면 우라늄-239가 됐다가 며칠 후 중성자 하나가 양성자로 변하면서 플루토늄-239가 됩니다. 이 플루토늄이 우라늄-235처럼 핵분열이 가능한 물질입니다. 그런데 이 과정을 제어하기 위해서는 중성자의 에너지를 줄여 느리게 만들어야 합니다. 이를 위한 감속재로 쓸 수 있는 것이 바로 흑연과 중수입니다. 그런데 독일이 확보한 흑연은 순도가 낮아서 감속재로는 쓸 수 없습니다."

"그래서 흑연 대신 중수로 중성자를 컨트롤하겠다는 거였구만."

잠자코 듣고 있던 SOE 대장이 한 마디 툭 내뱉었다. 과학자문위원은 깜짝 놀랐다. 표정은 진지해도 머릿속으로는 딴 생각이겠거니 했는데 자신의 설명을 제대로 이해하고 있었던 것이다.

"결국 그 중수만 뺏으면 독일군이 신무기를 개발할 수 없다 이거였어. 좋소, 설명하느라 수고 많았소. 자기가 하는 일이 얼마나 중요한 일인지 알아야 우리 대원들도 일을 제대로 하지 않겠소?"

말을 마친 찰스 함브로 경이 일어나 과학자문위원과 악수를 하고 밖으로 나갔다.

1942년 10월 19일, SOE에서 훈련받은 노르웨이 레지스탕스들이 비행기를 타고 베모르크의 **수력발전소**로 향했다. 마침내 그로스 작전이 시작된 것이다. 이들은 일단 공장에서 멀리 떨어진 곳에 내린 후 스키를 타고 15일을 이동했다. 현지에는 수력발전소에서 근무한 경험이 있는 노르웨이 기술자 에이나 스키나란Einar Skinnarland과 그의 동생이 기다리고 있었다. 이들은 이미 영국군에 포섭되어 훈련까지 받은 상태였다.

노르웨이 레지스탕스들이 안전하게 도착한 걸 확인한 SOE는 2

"영국군 코만도 대원은
체포 즉시 사살하라!"

아돌프 히틀러(1889~1945)

차로 프레시맨 작전Operation Freshman을 시작했다. 이 작전은 글라이더 2대에 영국군 공수사단 병력을 태워 보내 노르웨이 레지스탕스들과 접선, 공장을 폭파하는 것이었다. 그러나 예기치 않은 기상 악화로 글라이더는 추락했고 병사들이 여럿 즉사했다. 살아남은 병사들도 "영국군 코만도 대원은 체포 즉시 사살하라"는 히틀러의 명령에 따라 모두 처형됐다. 노르웨이 레지스탕스들은 눈 쌓인 숲속에 은신하며 살아남아야 했다. 처음엔 이끼를 뜯어 먹다가 크리스마스가 지나고 날이 더 추워지자 순록을 잡아먹었다.

프레시맨 작전은 실패했지만 영국군은 포기하지 않았다. 이듬해 2월 16일 거너사이드 작전Operation Gunnerside이 시작됐다. 이번에는 영국군 대신 노르웨이 레지스탕스를 투입했다. 이들은 순록 육회에 질려가던 대원들과 무사히 만나 2월 27일 밤, 중수공장에 침입하여 폭탄을 설치하고 빠져나왔다. 폭탄이 터지면서 공장 설비는 물론 그동안 생산된 중수도 모두 날아가 버렸다.

중수 확보에 실패한 독일은 결국 전쟁이 끝날 때까지 핵폭탄을 개발하지 못했다. 만약 독일이 핵폭탄 개발에 성공했다면 2차 세계대전은 어떤 결과로 이어졌을까?

Instagram

 10대가 알아야 할 핵의 역사 ⋮

히로시마에 떨어진 세계 최초의 핵무기로 인해 10만 명 넘는 민간인이 사망했다. 이 소식을 들은 과학자들은 어떤 심정이었을까? 과학자란 실험실에서 그저 연구만 할 뿐, 그 결과물을 어떻게 쓰느냐는 정치의 몫일까? 맨해튼 프로젝트는 과학자의 양심과 책임에 대한 많은 논란을 낳았다.

#장면03 #맨해튼_프로젝트 #에놀라_게이

이제 우리는 모두
개자식이다!

인류 최초의 핵무기를 개발한 맨해튼 프로젝트

'퍽'

유리로 된 재떨이가 맹렬한 속도로 날아가 벽에 부딪히며 산산조 각이 났다. 에드워드 텔러는 움찔했다. 기가 죽어 세피랗게 질려있 는 그에게 오펜하이머Julius Oppenheimer는 소리를 질렀다.

"넌 과학자의 자격이 없어! 나가! 꺼져버려!"

독일계 미국인인 오펜하이머는 인류의 비극인 2차 세계대전을 끝내기 위해 맨해튼 프로젝트에 적극적으로 참여했다. 1942년 11

월 16일 미국 뉴멕시코 주 로스앨러모스의 외딴 지역, 오펜하이머는 낭떠러지로 둘러싸인 분지에 로스앨러모스 과학연구소 설립을 결정한 뒤 연구소장이 되었다. 그의 지휘 아래 모인 과학자들은 우라늄-235와 플루토늄을 이용한 최초의 핵폭탄을 제조했다.

앞서 핵분열 반응을 발견한 독일보다 미국이 먼저 핵폭탄을 발명할 수 있었던 이유는 사실 나치 독일의 유태인 탄압 때문이었다. 그동안 노벨상의 3분의 1을 휩쓸던 독일이 유태인들을 추방하면서 많은 과학자들이 미국으로 피신해 맨해튼 프로젝트에 가담했다. 오펜하이머도 그 중 한 사람이었다.

마침내 1945년 7월 16일 오전 5시 30분, 트리니티삼위일체란 이름을 붙인 알바레스크 남쪽 고지대 사막 시험장에서 플루토늄을 이용해 만든 최초의 핵폭탄이 폭발했다. 폭탄이 터지자 강렬한 섬광과 급격한 열파가 일어났고, 이어 충격파가 골짜기에 메아리치면서 엄청난 굉음이 울렸다. 당장 불기둥이 치솟았고 버섯구름이 12200m 상공까지 퍼져 올라갔다. 핵폭탄은 2만 톤의 TNT가 한꺼번에 폭발하는 것과 맞먹는 폭발력을 냈다. 반지름 730m 안에 있는 주변 사막의 모래는 완전히 녹아버렸다. 그야말로 지옥에서 떨어진 화염이었다.

"이제 우리는 모두 개자식이다!"
실험이 끝나자 트리니티 시험장 감독인 케네스 베인브리지Kenneth

▲ 트리니티 핵실험. 폭탄의 암호명은 가제트gadget였다.

Bainbridge는 오펜하이머에게 이렇게 내뱉었다. 그제야 오펜하이머는 자신의 손으로 악마의 무기를 만들었음을 깨달았다. 하지만 전쟁을 끝내기 위해서라면 핵폭탄이 필요했다. 원래 핵폭탄은 독일군이 개발할 것에 대비해 만든 것이지만 개발 기간이 길어지면서 채 완성되기도 전에 독일은 패망해버렸다. 하지만 일본이 아직 남아 있었다.

맨해튼 프로젝트에 참여한 70명의 과학자들이 핵폭탄 투하를 우려하는 탄원서를 써서 대통령인 트루먼에게 보냈다. 그 사이에 프로젝트를 출범시킨 루스벨트가 죽고 트루먼Harry Truman이 미국의 33대 대통령이 되어 있었다. 이 탄원서를 주도한 과학자는 루스벨트에게 핵폭탄 개발 촉구 편지를 썼던 실라르드였다. 역사의 아이러니라고 해야 할까?

그러나 미국 정부의 생각은 달랐다. 2차 세계대전이 끝나가자 미국 정부의 고위 관료들은 내심 전리품에 대한 고민을 하고 있었다.

'세계대전의 승전국이 세계를 차지하는 건 당연한 이치. 승전국이 될 연합국, 그 가운데 주요 국가인 미국, 소련, 영국이 전 세계를 나눠 가지게 될 것이다. 하지만 3등분하는 건 어쩐지 너무 아깝다. 미국이 다 차지할 순 없을까? 특히 사회주의 국가인 소련에게 지분을 허용했다가는 나중에 미국의 강력한 경쟁국이 될 것이다.'

이렇게 머리를 굴리던 관료들은 전 세계에 미국의 강력한 힘을 보여주며 특히 소련에게 경고하는 차원에서 동북아시아의 적국인 일본에 막 개발이 완료된 핵폭탄을 사용하기로 결정했다. 플루토늄을 사용한 핵폭탄은 이미 실험을 마쳤으나 우라늄을 사용한 핵폭탄은 아직 실험하기 전이므로 일본인을 대상으로 그 위력을 알아 보는 1석 2조의 효과도 있었다. 회의에 참석한 오펜하이머는 끝내 반대 의견을 내지 못했다.

1945년 8월 6일 오전 8시 15분, '에놀라 게이'Enola Gay라 이름 붙인 B-29 슈퍼포트리스 폭격기가 일본 히로시마에 우라늄 핵폭탄 '리틀 보이'를 떨어뜨렸다. 도시의 3분의 2가 파괴되고 주민 35만 명 가운데 14만 명이 죽었다. 8월 9일 오전 11시 2분에는 다른 폭격기가 나가사키에 플루토늄 핵폭탄인 '팻 맨'을 떨어뜨렸다. 도시의 절반이 파괴되고 주민 27만 명 가운데 7만 명이 죽었다. 미국 관료들은 8월 말 세 번째 핵폭탄을 투하하기로 했다. 그러나 그들의 기대와 달리 일본은 8월 15일 무조건 항복을 선언했다. 일본뿐 아니라 전 세계가 두려움에 떨었고 아무도 미국을 넘보지 못하게 되었다.

나가사키에 지옥의 불덩이가 떨어지자 맨해튼 프로젝트에 참여했던 독일 출신 물리학자 한스 베테Hans Bethe는 넋이 나간 듯 "우리가 뭘 한 거지? 우리가 뭘 한 거야?" 하는 말만 수없이 되뇌었다. 반면 실험실에서 자신들의 업적인 것처럼 떠들어대던 텔러는 오펜하이머의 재떨이 공격을 받고서야 입을 다물었다. 텔러에게 소리를 지른 뒤 자신의 손을 내려다 보던 오펜하이머는 "내 손에 피가 묻어 있

"전쟁을 준비하는 국가 혹은 전쟁 중인
국가의 무기고에 핵폭탄이 신무기로 추가된다면,
인류에게는 반드시 로스앨러모스와
히로시마라는 이름을 저주하는 날이 올 것입니다."

줄리어스 오펜하이머(1904~1967)

다"고 중얼거렸다.

그로부터 4년이 지난 1949년 10월, 원자력위원회 일반자문회의 의장으로 재직 중이던 오펜하이머에게 로스앨러모스 과학연구소의 고문이 된 텔러가 찾아왔다.

"자네도 이미 알고 있겠지만, 지난 8월에 '악의 제국' 소련이 핵실험에 성공했네. 이러다 우리 미국이 차지하던 지구를 소련과 양분해야 할 처지가 될까 걱정이야."

오펜하이머는 텔러와 말을 섞기 싫었다. 그가 무슨 이야기를 할지는 뻔했다. 헝가리계 유태인 출신인 텔러는 전쟁 시기 루스벨트 대통령이 "우리의 과학, 우리의 문화, 우리 미국의 자유와 우리의 문명을 지키기 위해 과학자들과 정치가들이 함께 활동해야 한다"고 한 연설에 감명받아 핵무기 개발에 자기 인생을 바친 인물이다. 그는 맨해튼 계획에서 핵폭탄보다는 수소폭탄에 더 관심이 있었다. 아마도 그는 지금 소련을 견제하기 위해 수소폭탄을 개발해야 한다고 주장할 것이었다.

"내가 연구한 바에 따르면, 수소폭탄은 이론상 무제한의 파괴력을 낼 수 있네. 지금 소련을 견제하고 미국이 지구상 유일의 초강대국이 되려면 하루빨리 그 수소폭탄을 만들어야 하네."

텔러는 집요했다. 오펜하이머는 자기 생각을 빠르게 답하고 자리에서 일어났다.

"일본에서 수십만의 무고한 민간인이 우리가 만든 핵무기에 희생되었네. 그때 일하던 과학자 가운데 다시 핵무기를 만들자고 하는 사람은 아무도 없어. 자네도 이제 정신 차리게. 나는 그런 악마의 무기를 더 이상 만들지 않겠네."

텔러는 오펜하이머의 등에 대고 이렇게 소리를 질렀다.

"자네가 거부해도 소용없을걸! 난 자네가 소련 스파이라는 걸 다 알아! 난 기필코 수소폭탄을 완성하겠어! 인류가 찾아낸 궁극의 무기를 말이야!"

오펜하이머가 이끄는 원자력위원회 일반자문위원회는 수소폭탄 개발 계획에 반대표를 던졌다. 하지만 과학자 내부의 소련 스파이 침투 사건이 터지면서 수소폭탄 개발은 강행되었다. 오펜하이머는 1953년 12월 스파이 혐의로 기소되고 원자력위원회에서 쫓겨났다. 텔러의 주도 아래 미국은 마침내 핵폭탄보다 수천 배 강력한 수소폭탄 개발에 성공했고 1952년 11월 1일 태평양의 비키니 섬에서 최초의 수소폭탄 실험을 실시했다. 텔러는 그 후로도 핵무기 개발에 몰두하면서 핵실험금지조약에 반대하고 핵무기의 다양한 사용법을 찾는 연구를 계속했다.

미국이 핵무기를 개발하고 실전에 사용하면서 세계는 두려움에 떨었다.
하지만 그 두려움은 다른 나라의 핵무기 개발로 이어졌다.
사실 미국이 핵 개발에 성공하기 전부터 이미 많은 나라들이 경쟁에 뛰어든 상태였다.
이제 세계는 핵 보유국과 핵 비보유국으로 나뉘기 시작했다.
그리고 인류를 멸망시키고도 남을 만큼의 핵무기가 쌓이게 됐다.

윈스턴 처칠(1874~1965)

늘어나는 핵 보유국

프랭클린 루즈벨트(1882~1945)   이오시프 스탈린(1878~1953)

Instagram

 10대가 알아야 할 핵의 역사

미국의 핵 개발에 가장 큰 위협을 느낀 나라는 소련이었다. 자본주의와 사회주의로 양분된 세계에서 자본주의를 대표하는 미국의 상대 국가가 바로 사회주의를 대표하는 소련이었기 때문이다. 소련은 두 번째 핵 보유국이 되었을 뿐 아니라 세계에서 가장 강력한 수소폭탄까지 개발했다.

#장면04 #이오시프_스탈린 #차르봄바

최단 시일 안에
핵폭탄을 제공하라!

궁극의 무기 차르봄바

"우리가 죽기 살기로 독일과 싸워 얻은 승리가 이제 헛고생이 되었습니다."

독일과 일본을 박살 내 2차 세계대전의 영웅이 된 게오르기 주코프Georgy Zhukov 소련 국방장관은 장성들의 불만을 묵묵히 듣고만 있었다. 훗날 그는 회고록에 이런 글을 남겼다.

"당시 미국 정부가 이미 원자탄을 제국주의적 목표 달성을 위해 사용할 의사가 있다는 점은 분명했다. 앞으로 전개될 '냉전' 상황에서 힘의 우위를 점하겠다는 것이었다. 이는 8월 6일과 9일의 사건에서 분명히 확인되었다. 군사적 필요가 전혀 없는데도 인구가 밀집된 평화로운 도시 히로시마와 나가사키에 원자탄 두 발을 떨어뜨린 것이다."

안드레이 그로미코Andrei Gromyko 미국 주재 소련 대사는 불안한 분위기가 가득한 크렘린에 도착했다. 스탈린Iosif Stalin 대원수와 몰로토프Vyacheslav Molotov 외무장관은 미국을 의심하고 있었다. 이미 항복의 뜻을 내비친 일본에 핵폭탄을 두 발이나 떨어뜨린 건 명백히 소련을 협박하자는 것이었다. 이들은 2차 세계대전이 끝나면 곧 3차 세계대전이 발발할 것이며, 이 전쟁은 미국이 핵폭탄으로 소련을 파괴하는 끔찍한 전쟁이 될 것이라고 믿었다. 핵폭탄 공격에서 살아남기 위해서는 소련이 광활한 영토를 유지해야 하며 이를 위해 대규모 지상군을 유지해야 한다는 결론이 나왔다. 미국이 아무리 핵무기를 많이 만들어도 세계 1위의 면적을 가진 소련의 영토 전체를 공격할 수는 없을 거라는 이유에서였다.

그때 갑자기 한 무리의 과학자들이 스탈린을 찾아왔다. 스탈린은 이들을 자기 집무실로 불러들였다.

"저들은 뭡니까?"

그로미코 대사가 몰로토프에게 넌지시 물었다.

"원자탄을 개발 중인 우리 핵물리학자들이네. 진척 상황을 매일 스탈린에게 직접 보고하고 있지."

"우리도 원자탄을 개발하고 있었군요! 언제쯤 완성됩니까?"

"너무 기대는 하지 말게. 지난주에 시작했으니까."

지난주에 시작했다는 원자탄 제조 프로젝트에서 뭘 보고할 게 있다고 매일 한다는 건지, 그로미코는 어이가 없었다. 그만큼 긴장된 상황이라고만 생각했다.

그러나 몰로토프가 모르고 있었을 뿐, 소련은 1943년에 이미 핵개발 연구를 극비리에 시작했다. 미국, 영국의 핵 개발 정보를 파악한 스탈린은 1943년 핵물리학자 이고르 쿠르차토프Igor' Kurchatov를 핵무기 프로젝트 책임자로 임명했다. 소련의 핵 개발은 순조로웠고 덕분에 1945년 7월 포츠담 회담에서 스탈린은 트루먼의 핵 개발 성공 자랑을 듣고도 별로 놀라지 않을 수 있었다.

그러나 한 달 뒤 미국이 일본에 두 발의 핵폭탄을 투하하자 소련도 바짝 긴장하지 않을 수 없었다. 스탈린은 핵 개발자들에게 긴급 명령을 하달했다.

"나의 유일한 요구는 가능한 한 최단 시일 안에 핵폭탄을 제공하라는 것이다. 알다시피 히로시마는 전 세계를 놀라게 했다. 균형은 무너졌다. 우리가 입은 커다란 손실을 제거할 폭탄을 제공하라."

스탈린과 라브렌티 베리야Lavrenti Beria 내무인민위원회 위원장은 막대한 예산을 투입해 핵 개발자들을 독려했다. 쿠르차토프는 1946년 12월 소련 최초의 원자로를 가동해 핵물질을 확보했고 마침내 1949년 8월 29일 카자흐스탄의 세미팔라틴스크 실험장에서 22킬로톤급 핵폭탄 RDS-1을 폭발시켰다.

"소식 들었습니까? 트루먼이 수소폭탄을 개발하라는 성명을 발표했더군요."
"우리가 이렇게 빨리 핵폭탄을 개발할 줄은 미처 몰랐겠지요. 허허허."

스탈린은 미국을 당황하게 만들었다는 것이 뿌듯했다. 자신들이 입수한 미 중앙정보국CIA 보고서를 보면, 미국은 소련이 1950년대 중반에나 핵 개발에 성공할 것으로 예상하고 있었으니 그럴 만도 했다. 하지만 트루먼 미국 대통령이 1950년 1월 31일의 공개 성명에서 수소폭탄 개발 속도를 높이라고 지시한 것은 심각한 문제였다. 소련은 이제 막 핵 개발에 성공했지만 미국은 1950년에 이미 300여 개의 핵무기를 생산해놓고 있었다. 핵무기 경쟁에 이미 뒤처진 상황에서 수소폭탄 경쟁까지 밀리면 소련은 영원히 미국의 위협에서 벗어날 수 없었다.

마침내 1952년 11월 1일, 세계 최초의 수소폭탄 '아이비 마이크'Ivy Mike 시험이 태평양 마샬군도의 엘루겔랍 섬에서 단행됐다. 히로시마 핵폭탄의 450배에 달하는 어마어마한 폭발력에 엘루겔랍 섬은 지도에서 사라졌다. 미국은 의기양양했다.

그러나 1년도 채 지나지 않은 1953년 8월 12일, 소련 역시 수소폭탄 RDS-6 시험을 단행했다. 소련의 수소폭탄은 미국보다 우월했다. 미국의 수소폭탄은 중수소를 액체 상태로 저장한 습식으로 실전에 부적합했으나 소련은 건식으로 개발해 훨씬 실용적이었다.

이에 자극받은 미국은 1954년 3월 1일 건식 수소폭탄 캐슬 브라보Castle Bravo 시험에 성공했고 소련은 1955년 11월 22일 RDS-6보다 네 배나 강력한 수소폭탄 RDS-37 시험에 성공했다. 이제 미국과 소련은 앞서거니 뒤서거니 하면서 무한 핵무기 경쟁에 돌입했다. 소련은 미국을 잠재울 강력한 한 방이 필요했다.

1961년 7월 10일, 니키타 흐루쇼프Nikita Khrushchyov 소련 총리는 미국의 코를 납작하게 만들어 핵 경쟁의 종지부를 찍을 무기 개발을 지시했다. 그리하여 단 14주 만에 무게 27톤, 길이 8미터의 거대한 수소폭탄이 탄생했다. 애초 설계대로라면 폭탄을 투하한 폭격기가 살아남을 길이 없기에, 어쩔 수 없이 설계를 변경하여 폭발력을 반

▲ 1961년 10월 30일, 50메가톤급 열핵폭탄 차르봄바를 투하하는 소련의 Tu-95 폭격기

으로 줄였다. 그러고도 폭격기가 폭탄을 투하한 뒤 최대한 멀리 달아날 수 있도록 폭탄에 800kg이나 되는 낙하산을 달아 천천히 떨어지도록 만들었다. 폭탄의 이름은 과거 러시아 황제를 뜻하던 '차르'를 붙여 차르봄바Tsar Bomba, 즉 황제폭탄이라 지었다.

1961년 10월 30일 운명의 날이 밝았다. 소련 북쪽 노바야제믈랴 제도로 날아간 투폴레프 Tu-95 폭격기는 고도 10km까지 올라가서 폭탄을 떨어뜨렸다. 폭탄은 낙하산을 펼치고 천천히 떨어져 고도 4km에서 폭발하였다. 폭발의 화구는 지상까지 내려왔고 버섯구름은 높이 60km까지 자라났다. 100km 밖에서도 3도 화상을 입을 정도의 열이 발생했고 후폭풍으로 1000km나 떨어진 핀란드의 건물 유리창이 깨졌다. 폭발로 인한 지진파가 지구를 세 바퀴나 돌았다. 차르봄바의 폭발력은 50메가톤이었는데 히로시마 핵폭탄보다 4000배 정도 강했고 태양이 방출하는 에너지의 1%에 달했다. 말 그대로 지구상에 순간적으로 인공태양을 만든 셈이었다.

냉전의 산물인 차르봄바는 실전에 사용할 목적으로 만든 게 아니었다. 미국을 위협해 핵 경쟁에서 승리하기 위한 목적이었다. 그러나 미국은 굴복하지 않았고 오히려 핵무기 생산에 더욱 박차를 가했다. 오늘날 미국과 러시아는 각각 7천여 개의 핵무기를 보유하며 세계 인류의 생존을 위협하고 있다.

10대가 알아야 할 핵의 역사

핵 보유에 대한 욕망은 미국의 동맹국이라고 해서 다르지 않았다. 그러나 핵 무기 독점을 원한 미국은 동맹국들의 핵 개발을 용인하거나 도움을 주지 않았다. 미국의 동맹국들은 냉혹한 현실을 받아들이며 독자적인 핵 개발에 뛰어들었다.

#장면05 #팻_맨 #어니스트_베빈 #제임스_번즈

지금 당장
핵무기를 가져야 한다

핵무기 없는 강대국은 없다!

"이 배신자! 그래, 얼마나 잘 나가는지 두고 보라고!"

미국과 영국의 외교장관 회담장에서 베빈Ernest Bevin 영국 외무장관이 흥분한 목소리로 소리쳤다. 이무리 둘만 있어도 엄연한 공식 외교석상인데, 베빈은 얼굴을 붉힌 채 막말을 쏟아냈다. 하지만 마주 앉은 번즈James Byrnes 미국 국무장관은 태연자약했다. 그는 노련한 외교관이었다.

"자, 자. 흥분을 가라앉히시게. 우리도 당연히 약속을 지키고야 싶지. 그러나 의회가 꿈쩍도 안 하는 걸 어쩌란 말인가."

"웃기는 소리 말라고 그래. 전쟁에서 미국은 별 피해도 안 입었겠다, 소련과는 멀리 떨어져 있겠다, 우리 처지를 알기나 해?"

"허허, 만약 소련이 영국을 공격하면 우리가 가만있을 것 같은가? 우리가 가진 막강한 핵무기로 소련을 묵사발로 만들어 놓을 텐데."

"이봐 번즈! 우리 대영제국이 왜 미국의 보호에 의존해야 하는데? 한 번 약속을 어기면 두 번, 세 번 어기게 마련이야. 우리가 왜 미국을 믿어야 하지?"

베빈의 연속된 질문에 번즈는 꿀 먹은 벙어리가 됐다. 사실 미국은 입이 열 개라도 할 말이 없었다. 베빈이 흥분한 이유는 미국 의회가 1946년 8월 '맥마흔법'을 통과시켰기 때문이었다. 맥마흔법은 핵무기와 관련된 핵물질, 핵기술을 다른 나라에 전해주는 것을 금지하는 법이다.

애초에 미국은 영국의 도움으로 핵 개발에 성공했고 2차 세계대전 중인 1944년 양국은 '전시 및 전후의 핵 협력 협정', 즉 하이드파크 협정까지 비밀리에 체결한 상태였다. 그런데 정작 핵무기의 위력을 본 미국 의회는 핵무기를 독점하고자 하는 욕심이 생겼다. 화장실 들어갈 때 생각 다르고 나올 때 생각 다르다고 했던가. 2차 세계대전 이후 미국은 영국, 프랑스와 세계를 나눠 가질 이유가 없어졌다. 영국과 프랑스를 2등 국가로 남겨둬야 미국이 1등 국가로서 전

후 세계를 독차지할 수 있었다. 이를 위해서는 미국만이 핵무기를 가지고 있어야 했다. 그래서 맥마흔법을 제정한 것이다.

맥마흔법 통과는 영국 정부를 분노에 들끓게 했다. 두 달 후인 10월, 베빈은 미국으로 날아가 번즈를 붙잡고 따졌지만 이미 물은 엎질러졌다.

번즈에게 실컷 화풀이를 하고 영국으로 돌아간 베빈 장관은 국방소위원회에 참석했다. 회의는 이미 진행 중이었고 핵 개발을 위한 우라늄 농축시설 건설에 막대한 비용이 들어간다는 이유로 핵 개발을 포기하려는 순간이었다. 베빈은 즉시 긴급 발언을 하고 나섰다.

"그럼에도 불구하고 우리는 핵무기를 가져야만 합니다. 나로서는 개의치 않습니다만, 방금 내가 당하고 온 것처럼 이 나라의 다른 어떤 외무장관이 또다시 미 국무장관에게 농락당하는 것을 두고 볼 수는 없습니다. 아무리 엄청난 비용이 들더라도 우리는 당장 핵무기를 가져야 합니다. 지금 당장!"

베빈의 주장에 영국의 애틀리 총리도 동의하고 나섰다.

"우리는 미국인들과 협력할 수 없습니다. 그 어리석은 맥마흔법은 우리가 그들과 협력하는 것을 완전히 막아버렸습니다. 그리고 그

"아무리 엄청난 비용이 들더라도
우리는 당장 핵무기를 가져야 합니다. 지금 당장!"

어니스트 베빈(1881~1951)

들은, 자기들은 어른이고 우리는 어린아이로 생각하는 경향이 있습니다. 따라서 우리는 그들에게, 그들만이 최고가 아니라는 것을 보여줘야만 합니다."

사실 핵 개발은 미국보다 영국이 먼저 뛰어들었다. 1940년 4월, 영국 정부는 전쟁을 승리로 이끌기 위해 내각 산하에 과학자들로 구성된 '모드위원회'Maud Committee를 설치해 핵무기 개발 가능성을 검토하도록 조치했다. 모드위원회는 핵무기 개발이 충분히 가능하며 독일을 상대로 사용할 수도 있고, 나아가 핵무기 개발 전에 전쟁이 끝난다 해도 향후 국가 안보를 위해서는 반드시 개발해 놓아야 한다는 보고서를 제출했다.

1941년 미국은 모드위원회 보고 내용을 전해 듣고 영국에게 공동 핵 개발을 제안했다. 그러나 영국 정부는 주도권 상실 우려와 핵 기밀 유출 우려 등을 이유로 미국의 제안을 거부했다. 그러나 1942년 10월 미국의 독자적인 핵 개발이 영국을 앞지르고 영국에 대한 핵 기술 제공을 제한하자 이번에는 거꾸로 영국 정부가 미국에 매달렸다. 이에 1943년 8월 19일, 처칠 총리와 루즈벨트 대통령은 캐나다 퀘벡에서 만나 비밀 핵협력 협정을 맺고 공동 핵 개발을 약속했다.

2차 세계대전이 끝나고 유럽은 초토화되었다. 영국은 세계를 호

령하던 과거의 대영제국으로 돌아가지는 못할망정 강대국의 지위라도 회복해야만 했다. 그리고 그 길은 오직 핵무기 개발밖에 없었다. 1946년 맨해튼 프로젝트에 참여하고 돌아온 영국의 물리학자 존 콕크로프트John Cockcroft는 원자력 연구기관AERE 설립을 요청했다. 영국은 원자력법을 통과시키고 리즐리Risley 원자력연구소와 하웰Harwell 연구소를 설립했다. 스피링필드Springfields 우라늄 처리시설, 아머샴Amersham 방사화학센터도 설립했다. 이미 수십 명에 이르는 과학자들이 맨해튼 프로젝트에 참여했고 미국과 핵협력 협정도 맺어놓았으므로 핵 개발은 시간문제였다.

그런데 느닷없이 미국이 맥마흔법을 통과시켜 버렸다. 영국 정부는 총리, 재무장관, 외무장관, 내무장관, 국방장관 등을 중심으로 내각 안에 국방소위원회를 구성하여 독자적인 핵 개발을 검토했다. 그리고는 1947년 1월, 영국 정부는 다음과 같은 세 가지 이유를 들어 독자적 핵 개발 추진을 최종 결정했다.

첫째, 영국이 경제력을 회복하지 못하더라도 핵무기를 보유하면 강대국으로서 역할과 영향력을 보장할 수 있다.
둘째, 재래식 전력으로는 소련의 위협을 막을 수 없다.
셋째, 미국은 고립주의국제정세가 자국의 경제나 안보에 악영향을 미치지 않을 경우 중립을 지키며 국제문제에 개입을 꺼리는 정책로 돌아갈 수 있으며 1, 2차 세계대전 당시 서유럽 방어에도 실패했다. 핵무기를 보유하면 미국의 고립주의 회귀도 막고 미국의 원조도 이끌어낼 수 있다.

이러한 결정 아래 핵 개발을 강행한 영국은 1952년 호주 몬테벨로 섬에서 핵폭탄 실험에 성공하고 1957년에는 수소폭탄 실험에도 성공, 명실상부 세 번째 핵 보유국이 되었다. 결국 미국은 1958년 맥마흔법을 개정하여 영국을 핵 보유국으로 인정하고 핵 협력을 보장했다. 그리고 영국은 아직까지 유엔 안전보장이사회 상임이사국으로서 국제사회에 많은 영향력을 행사하고 있다.

10대가 알아야 할 핵의 역사

미국이 동맹국의 핵 보유를 방해했듯이 소련도 같은 사회주의 나라들의 핵 보유를 방해했다. 사회주의 나라들 사이에서 소련과 경쟁 관계에 있던 중국은 미국과 소련의 위협 속에서 어렵사리 핵 개발에 성공했다. 그리고 핵 개발 이후 중국은 국제사회에서 새로운 위상을 차지하게 되었다. 중국의 위상 변화는 왜 모든 나라가 핵 보유에 매달리는지 잘 설명해준다.

#장면06 #마오쩌둥 #흐루쇼프

세상천지가 어떻게
뒤집어지는지 보라!

양탄일성兩弾一로이 나라를 살린다

"주석님, 방금 보도가 나왔는데 미제의 맥나마라 국방장관이 우리를 폭격하겠다고 엄포를 놨습니다."

"흠…… 좀 세게 나오는군. 그래도 뭐 예상은 했으니까."

마오쩌둥毛澤東은 별로 동요하지 않았다.

"그래, 전쟁도 불사하겠다 이건가?"

"우리 핵 개발 장소인 신장 위구르 지역은 물론이고 베이징도 폭격하겠답니다. 3차 세계대전까지 언급했습니다."

"뭐 그건 마음대로 하라고 하고. 난 사실 미제보다 소련이 더 싫어. 어떻게 같은 사회주의 국가끼리 그럴 수 있냔 말이야. 흐루쇼프 그 자는 혁명의 배신자야. 카악, 퉤!"

마오쩌둥은 타구에 가래침을 뱉었다.

중국은 1955년 중국 공산당 중앙서기처 확대회의 결정을 통해 핵무기 개발에 뛰어들었다. 1962년, 중국의 핵실험이 임박하자 기존 핵 보유국들은 중국을 압박하기 시작했다. 1963년 8월 미국, 영국, 소련은 '대기권 내, 우주 공간 및 수중에서 핵무기 실험을 금지하는 조약', 즉 부분적핵실험금지조약을 체결해 지하 핵실험을 제외한 사실상 모든 핵실험을 금지하였다.

한편 흐루쇼프 집권 후 소련은 중국과 노선갈등을 빚고 있었다. 소련은 중국과 맺은 합의에 불성실했다. 핵폭탄과 미사일 기술을 전수하기로 하고는 제대로 알려주지 않았다. 소련은 핵 개발을 통해 중국의 국제 지위가 올라가면 '사회주의 종주국'으로서 자신의 지위가 위협받을 것으로 여긴 것이다. 1959년 10월 중국을 방문한 흐루쇼프에게 마오쩌둥은 "우리, 합작사업 다 파기합시다"라고 선언했다. 실제로 소-중 사이의 합작사업들이 상당수 파기됐다. 게다가 1962년 발발한 중국-인도 전쟁에서 소련이 인도를 지지하고 나서자 양국은 사실상 적대국이 되어 버렸다.

1965년 마오쩌둥은 장시성江西省 징강산井冈山을 방문해 시를 한 수

읊었다. 징강산은 중국인민해방군의 전신인 홍군의 탄생지다.

곤붕이 날개를 펴니 구만 리를 날고,

날개를 좌우로 흔드니 양의 뿔 모양이라.

아침의 푸른 하늘을 뒤로 하고 아래를 내려다보니,

사람 사는 세상은 다 같구나.

포화연기가 하늘에 자욱하고, 탄흔이 사방에 가득하여

새집조차 놀라 엎어지고 난리로구나.

어떻게 그럴 수가! 아, 나는 돌아가야겠다!

귀인에게 어디로 가야 하는가 물으니, 새가 말하기를,

어느 선산 옥루에서, 2년 전 가을 달 밝은 밤에

세 집끼리 모여 무슨 조약이라는 것을 맺었는데

그 내용이라는 것이 고작

무엇을 더 먹을 것이 없을까? 구운 감자요리와 함께

소고기를 다시 먹어 볼까였다.

허튼소리들 하지 마라!

세상천지가 앞으로 어떻게 뒤집어지는지 보라!

여기서 곤붕이란 장자에 나오는 상상의 큰 물고기와 새를 말한다. 기존 핵 보유국들의 압박에도 불구하고 중국은 1964년 10월 첫 핵

"허튼소리들 하지 마라!
세상천지가 앞으로 어떻게
뒤집어지는지 보라!"

마오쩌둥(1893~1976)

실험에 성공한다. 그리고 3년 후인 1967년에는 수소폭탄 실험에도 성공하기에 이른다. 1970년에는 인공위성 발사도 성공하여 대륙간 탄도미사일 기술을 보유했음을 보여주었으며 1972년에는 대륙간탄 도미사일 발사 훈련을 실시했다.

어떤 논리로 전 세계의 여론을 돌려세울 것인지, 마오쩌둥은 첫 핵실험 후 발표할 정부 성명 문구를 찬찬히 훑어보았다. 국제사회의 압박을 이겨내고 핵폭탄을 갖게 된 역사적 현장에서 발표할 중요한 성명이기 때문이었다.

"날로 늘어나는 미국의 핵 위협을 마주하여 중국은 가만히 앉 아있을 수 없다. 중국이 핵실험을 진행하고 핵무기를 발전시키 는 것은 핍박에 못 이겨서이다…… 중국이 핵무기를 개발하여 발전시키는 것은 곧바로 핵 대국의 핵 독점을 깨뜨리고 핵무기 를 소멸하기 위해서이다…… 중국의 핵무기 장악은 투쟁 중의 여러 나라 혁명 인민들에게 커다란 고무로 되고, 세계평화수호 사업에 대한 거대한 기여로 된다…… 일단 미국과 미국의 동맹 국들은 자신을 반대하는 사람들에게 핵무기가 있으면 그처럼 우쭐거리지 못하고, 핵 협잡과 핵 위협 정책이 그처럼 잘 통하 지 못하며, 핵무기의 전면금지, 철저한 파기 가능성도 높아진 다…… 세계 여러 나라의 수반 회의를 소집하여 핵무기의 전면적인 금지와 철저한 파기 문제를 토의하자…… 중국 정부는 예나 다름없이 모든 노력을 기울여 국제협상을 통해 핵무기의 전면금지와 파기라는 숭고한 목표가 실현되도록 촉진할 것이다. 그 날이 다가오기 전까지 중국 정부와 중국 인민은 흔들림 없이 자기의 길을 걸으면서 국방을 강화하고 조국을 보위하며 세계평화를 수호할 것이다……."

중국은 핵 보유가 세계평화에 기여한다는, 다분히 모순처럼 들리는 주장을 통해 자신들의 핵 보유를 정당화했다. 중국이 핵실험에 성공하자 미국은 소련과 달리 대화를 통한 평화공존을 선택했다. 1971년 당시 미 국무장관이었던 키신저가 극비리에 베이징을 방문했다. 이를 시작으로 1972년의 이른바 '핑퐁외교', 1973년 닉슨 대통령의 중국 방문으로 중국과 미국은 관계 정상화의 길을 걸었다. 당시 중국은 미국에게 세 가지를 요구했다. 대만을 인정하지 말고 자신을 인정할 것, 대만 주둔 미군을 철수시킬 것, 대만과 군사동맹을 파기할 것.

첫 번째는 곧바로 실현됐다. 1971년 10월 유엔총회에서 중국의 유엔 가입이 승인됐고 대만은 쫓겨났다. 중국은 유엔 안보리 상임이사국이 되었다. 그러자 눈치를 보던 일본이 미국보다 먼저 중국과 손을 잡았다. 1972년 9월 29일 중국과 일본은 전격적으로 수교를 맺었다.

나머지 요구는 시간이 걸렸다. 미국 내에서 반발이 심했기 때문이다. 특히 대만에 무기를 수출하지 못한다는 이유로 미 군수업체와 공화당이 격렬히 반대했다. 당시 공화당 대선 후보였던 로널드 레이건은 선거 기간 내내 중국과의 관계 정상화를 반대했으며 같은 당 상원의원 베리 골드워터는 카터 행정부를 대법원에 제소하기까지 했다. 결국 1979년에 이르러서야 대만 주둔 미군이 철수하고 상호방위조약도 폐기했으며 중·미 수교도 이루어졌다.

이처럼 중국은 핵 개발을 통해 자신들이 요구하던 미국과의 관계 정상화에 성공했을 뿐 아니라 유엔 안보리 상임이사국이 되었고 대만에서 미군을 철수시켜 '통일'을 할 수 있었다. 대만은 국제사회에서 정부로 인정받지 못하므로 중국은 형식적으로 분단 상태가 아닌 셈이다. 이런 과정을 지켜보며 마오쩌둥은 "핵 개발은 미국, 서방의 문을 여는 데 있어 최고의 빙빕"이라고 평가했다.

후대들은 마오쩌둥의 최대 업적으로 사회주의 혁명과 함께 양탄일성兩彈─星의 개발을 꼽는다. 양탄일성이란 핵폭탄과 수소폭탄, 그리고 인공위성, 다시 말해 대륙간탄도미사일 기술을 말한다.

Instagram

 10대가 알아야 할 핵의 역사 ⋮

유엔 안전보장이사회 상임이사국이자 공식 핵 보유국 가운데 마지막까지 핵실험을 한 나라는 프랑스로, 무려 1996년까지 핵실험을 이어갔다. 후발주자로 핵 개발에 성공한 프랑스는 미국과 다른 독자적인 핵전략을 선언했다. 오늘날 핵 보유국들은 자국만의 다양한 핵전략을 가지고 있다.

#장면07 #찰스_드골 #맥나마라 #고질라

미국은 파리를 지키기 위해 뉴욕을 포기할 수 있는가?

고질라의 탄생

"더러운 앵글로-색슨 놈들."

1958년 폭동과 쿠데타 위기로 붕괴 상태에 놓인 프랑스의 권력을 차지한 드골Charles de Gaulle은 남모를 고민에 빠졌다. 미국괴 영국이 손을 잡으면서 프랑스의 고립이 더욱 심해진 것이다. 애초에 미국은 2차 세계대전 후 1등 국가를 자처하며 영국과 프랑스를 2등 국가 취급했다. 그러더니 어느새인가 영국과 손을 잡고 프랑스를 3등 국가로 취급하고 있었던 것이다. 자존심 강하고 외골수인 드골이 볼 때이건 분명 앵글로-색슨 국가끼리 자신을 따돌리는 것이었다. 드골은 '위대한 프랑스'를 재건해야 한다는 강한 자극을 느꼈다. 드골은 참모들을 모아놓고 핵 개발을 강조했다.

"결과적으로 명백한 점은, 우리 프랑스는 전적으로 프랑스의 국가 이익을 위해 어디에서나 즉각 동원할 수 있는 군사력, 즉 독자적 핵 타격력이 필요하고 이것을 수년 내에 반드시 달성하여야 한다는 것입니다. 군사력의 기본이 핵무장이라는 것은 말할 필요도 없습니다. 우리가 그것을 직접 만들든 돈을 주고 사든 간에 그것은 우리 수중에 있어야 합니다. 이보다 더 중요한 것은 없습니다. 독자적 핵전력을 갖추지 못하면 더 이상 유럽의 강대국도, 주권국일 수도 없고 통합된 위성국에 지나지 않게 됩니다."

그때 자존심보다는 실용주의를 앞세우는 보좌관 한 명이 드골의 심기를 자극했다.

"아무리 생각해 봐도 서독과 다시 손을 잡아야 할 것 같습니다."
"그건 안 된다고 했잖아! 정신 나간 사회당 놈들이 하마터면 히틀러를 부활시킬 뻔했어!"

미국, 소련, 영국에게 뒤처져 초조해하던 프랑스는 비밀리에 2차 세계대전의 숙적 독일을 찾아갔다. 물론 당시 독일은 동독, 서독으로 분단되어 있었고 프랑스는 서독을 만났다. 프랑스는 서독이 핵 개발 프로젝트에 자금과 기술을 지원하면 완성된 핵무기에 대한 지분을 보장하겠다고 약속했다. 서독 역시 전범국이라는 이유로 핵 개발을 꿈도 못 꾸고 있었기에 흔쾌히 승낙했다. 서독은 20억 마르크의 비자금을 마련했다. 그런데 사회당 정부가 붕괴하고 새로 집권한 드골이 이 사실을 알자마자 약속을 파기해버렸다. 프랑스 해방의 영웅 드골이 독일과 손을 잡는다는 건 있을 수 없는 일이었다. 게다가 독일에게 핵무기를? 어림도 없었다.

"오늘날 힘은 곧 군사력이며, 군사력은 오늘날 핵력에 다름아니다. 핵무장 없는 서독은 다른 동맹국의 군대를 위한 취사병이나 보내게 될 것이다. 그리고 서독의 운명은 그것으로 결판날 것이다."

프란츠 스트라우스Franz Strauß 서독 국방장관은 프랑스의 버림을 받고 이렇게 비탄했다. 그리고 그의 예언은 현실이 되어 오늘날까지 유럽 내에서 독일의 군사력은 2류로 취급받았다. 프랑스에서는 이 상황을 어떻게 타개해야 할지 의견이 분분했다.

"미국과 협상을 해 보면 어떨까요?"
"헛소리! 영국도 무시하는 미국이 과연 우리의 핵 개발을 도와주기나 하겠소?"

"아니, 미국이 이제 영국과 새로운 핵 협력을 합의하지 않았습니까."

"그거야 영국이 핵 개발에 성공했으니까 얘기지. 우리 같은 경우는 아예 초기에 싹을 자르려고 들걸?"

"맞아요. 우리 처지를 봅시다. 영국은 그나마 맨해튼 프로젝트에 과학자들이라도 보냈지. 우린 독일에 점령당하는 바람에 아예 맨해튼 프로젝트에 끼지도 못했어요. 앵글로-색슨끼리 다 해 먹었지."

미국과 영국에 대한 민족적 분노는 드골뿐 아니라 프랑스 우익 정치인들 전반에 퍼져 있었다. 이들은 결국 외부 도움 없이 독자적으로 핵 개발에 나서는 것이 프랑스의 숙명이라는 결론에 다다랐다. 드골은 회의를 마무리하기 위해 입을 열었다.

"우리 전후 상황을 한번 돌아봅시다. 전쟁이 끝나자마자 제가 총리 직속 프랑스 원자력위원회CEA를 설립한 건 다들 아실 테고. 그러자 미국, 영국, 캐나다가 워싱턴에서 회동을 갖고 전 세계 우라늄 공급을 통제해 우리 계획을 방해했소."

"하! 그때 남부 부르고뉴에서 대규모 우라늄광산을 발견했기에 그나마 다행이었지요……."

"1956년 2차 중동전쟁도 기억할 겁니다. 우리가 이집트에게서 수에즈 운하를 되찾아오기 위해 이스라엘까지 끌어들였는데 소련이 대놓고 핵무기로 위협했습니다. 그런데 미국은 뭘 했습니까? 고개를 돌렸습니다. 결정적인 순간에는 그 누구도 도움이 안 됩니다. 지금까지 우리 위대한 프랑스는 혼자 힘으로 위기를 돌파하고 핵 개발에 한 걸음 한 걸음 다가갔습니다."

사실 2차 세계대전 후에도 식민지를 유지하던 프랑스의 대외정책은 미국의 새로운 세계 질서 구상에 맞지 않았다. 미국은 자신들의 세계 지배를 위해서 구시대 제국주의 체제가 무너지기를 바랐다. 그래야 새로 독립한 식민지들에 자신들의 영향력을 넓힐 수 있었기 때문이었다. 프랑스는 결국 1960년대에 와서야 방대한 식민지 유지가 불가능함을 깨달았다. 그리고 이 과정에서 군부와 정부는 심각한 대립과 혼란을 경험했다. 정계를 은퇴한 드골이 재등장한 이유도 이런 혼란을 수습하기 위해서였다. 드골이 목소리를 높였다.

"지난해 소련은 인공위성 스푸트니크 발사에 성공했습니다. 이제 소련은 지구상 어디든 미사일로 공격할 능력을 보유하게 되었습니다. 그러나 미국은 결코 유럽을 지켜주지 않을 겁니다. 파리를 지키기 위해 뉴욕을 포기하지 않을 거란 얘깁니다."

"미국은 결코 유럽을
지켜주지 않을 겁니다.
파리를 지키기 위해
뉴욕을 포기하지 않을 거란
얘깁니다."

찰스 드골(1890~1970)

참모들은 침을 꿀꺽 삼켰다. 머릿속에 소련의 핵미사일이 파리에 떨어지는 그림이 그려졌다.

"미국은 맥마흔법을 개정해 영국의 핵 개발을 돕고 있습니다. 하지만 우리는 핵 개발이 미진하다는 이유로 무시하고 있습니다. 이번에 제가 나토NATO를 미국·영국·프랑스 3두 체제로 만들자고 제안했지만 이 역시 거부당했습니다. 이게 무슨 뜻이겠습니까. 앵글로-색슨만 핵무기를 갖고 세계를 차지하겠다는 겁니다. 우리는 무슨 수를 써서라도 우리 힘으로 핵 개발을 완성해야 합니다. 우리가 핵 개발을 천명하면 미국과 소련 등 국제사회가 들고 일어날 겁니다. 하지만! 어떠한 대가를 치르더라도 핵무기를 기필코 보유하겠다고 결심한다면 이를 저지할 수 없을 것입니다!"

드골의 예상대로 국제사회는 프랑스에 대한 압박에 들어갔다. 미국과 소련의 반대는 기본이고 유엔총회에서도 프랑스의 핵 개발을 반대하는 결의안이 채택되었다. 하지만 드골은 굽히지 않았다. 마침내 1960년 2월, 프랑스는 알제리에서 첫 핵실험에 성공했다.

"위대한 프랑스 만세! 오늘 아침 이후로 프랑스는 더욱 강력하고 자랑스러운 국가가 되었다!"

드골은 기세등등하게 자국민들에게 핵실험 성공을 알렸다. 미국은 급히 프랑스와 접촉했다.

"아니, 이미 미국과 소련이 핵무기를 잔뜩 만들어놨는데 이제 와서 핵무기를 만들어봐야 무슨 소용이 있겠습니까. 프랑스의 입장은 잘 알겠으니 이쯤에서 그만 멈추시지요."

피에르 메스메르Pierre Messmer 프랑스 국방장관을 만난 맥나마라Robert McNamara 미국 국방장관이 프랑스의 의중을 떠봤다. 하지만 메스메르는 코웃음을 쳤다.

"우리야 이제 막 핵무기를 만들기 시작했고 소련은 이미 훨씬 많은 핵무기를 가지고 있는 걸 모르진 않습니다. 하지만 우리는 독자적인 핵전략이 있습니다. 만약 우리가 소련의 대규모 핵 공격을 받는다면 아마 멸망하겠지요. 하지만 그런 경우 우리는 갖고 있는 모든 핵무기를 동원해 소련의 대도시 하나만 집중 공격해 최대한 많은 사람들을 죽일 것입니다. 일종의 배수진이랄까, 자폭이랄까, 뭐라 해도 좋습니다."

드골다운 해법이었다. 곧장 맥나마라가 발끈하고 나섰다.

"아니, 지금 제정신입니까? 그럼 그 과정에서 죽는 수많은 국민들 생각은 안 해봤습니까?"

"허허. 아니 당신네 핵무기는 사람을 안 죽이고 피해 다닌답니까? 우리 핵무기만 수많은 국민을 죽입니까? 너무 위

▲ 로버트 맥나마라(1916~2009)

선적인 질문을 하시는군요. 에…… 1957년에 중국의 마오쩌둥이 뭐라 했냐면……."

"아, 됐습니다. 알겠습니다. 하지만 미국은 절대 프랑스에 협조할 수 없다는 걸 명심하십시오."

맥나마라는 메스메르의 말을 끊고는 고개를 전래전래 흔들며 자리에서 일어났다. 맥나마라도 1957년 마오쩌둥의 연설 내용은 잘 알고 있었다.

"재래전이든 핵전쟁이든, 어떠한 전쟁이 발발하더라도 우리는 승리할 것이다. 중국의 경우, 만일 제국주의자들이 우리에 대해 전쟁을 시작한다면, 아마 3억 명 이상을 잃을지도 모른다.

그래서 어떻단 말인가? 세월은 지나갈 것이고, 우리는 이전보다 더 많은 아기들을 낳으며 일할 것이다."

1964년 드골은 자신의 핵전략인 비례억지전략을 발표했다.

"물론 우리가 발사할 수 있는 핵무기의 파괴력은 미국과 소련이 발사할 수 있는 핵무기의 파괴력에 비해 수적으로 동등한 것은 아닐 것이다. 그러나 어떤 인간도, 어떤 국가도 단 한 번만 죽을 수 있기 때문에 잠재적인 적에게 치명적 손상을 가할 수 있고, 그렇게 하려는 확고한 의지를 갖고 있으며, 그러한 의지가 적에게 충분히 인식된다면, 억지는 그 즉시 존재하게 되는 것이다."

비례억지전략은 1961년 미국의 케네디 정부가 발표한 유연반응전략과는 확연히 달랐다. 유연반응전략이란 재래식 무기에는 재래식 무기로, 전술핵무기기존 핵무기보다 폭발력을 축소한 핵무기를 전술핵무기, 폭발력이 큰 핵무기는 전략핵무기라 부른다.에는 전술핵무기로 대응하면서 단계별 협상으로 파멸적 핵전쟁을 막아보겠다는 전략이다. 드골이 볼 때 미국의 유연반응전략은 소련의 핵무장에 겁을 먹고 유럽을 희생시키는 전략이었다. 미국과 소련이 전쟁을 시작하면, 초반에 유럽의 미·소 동맹국들이 핵 공격을 주고받는 동안 버티고 있다가 미국과 소련 본토가 공격받을 때쯤 협상으로 전쟁을 중단하겠다는 의도가 빤히 읽혔다.

결국 드골은 핵무기 개발에 성공한 이후에도 미국과 독자노선을 걸었다. 드골은 미국을 잠재적인 적으로 간주했다. 1966년 나토 지휘체계에서 탈퇴하고 프랑스 주둔 미군을 철수시켰다. 또 공산당이 집권한 중국을 승인했으며 모스크바를 방문하는 등 유럽 중심의 제3세력을 구축하려고 했다. 핵무기 개량도 놓치지 않았다. 국방비의 25%를 핵 개발에 투자하여 앞선 핵기술을 확보했다. 드골뿐 아니라 프랑스의 모든 정치세력, 심지어 공산당조차 핵 개발을 찬성했다. 미국에게 굴복할 수 없다는 자존심으로 똘똘 뭉친 것이다.

프랑스와 미국의 갈등은 드골 정권이 물러난 후 70년대 들어 풀리기 시작했다. 미국은 프랑스의 핵 개발을 간접적인 방법으로 도와주고, 프랑스는 국제사회에서 미국의 입장을 지지해주는 식으로 협력했다. 하지만 미국과 프랑스이 관계는 미국과 영국이 관계처럼 끈끈해지지는 않았으며 여전히 긴장 관계가 지속되었다. 그렇게 프랑스의 핵 개발은 1990년대까지 이어졌다. 1995년 전 세계의 비난을 감수하면서 프랑스 정부는 남태평양 지하에서 핵실험을 재개했다. 프랑스의 핵실험은 1996년 1월 27일에야 막을 내렸다. 미국은 프랑스의 핵실험 때문에 남태평양에서 돌연변이 괴물이 탄생했다는 시나리오로 영화 〈고질라〉를 제작했다.

현재 지구상에는 인류를 멸종시키고도 남을 핵무기가 존재한다.
그리고 그 많은 핵무기만큼이나 핵무기를 없애기 위한 노력도 끊이지 않았다.
평화롭고 안전한 세계에서 살고자 하는 인류의 노력과 자국의 이익을 극대화하기 위해서라면
세계평화 따위는 안중에도 없는 이기심 사이에서 승자는 과연 누가 될까?

핵무기 없는 세상은
가능한가?

1945년 8월, 폐허가 된 나가사키

Instagram

 10대가 알아야 할 핵의 역사

핵무기의 기초 이론을 만들고 미국의 핵 개발을 촉구했던 알베르트 아인슈타인은 평생 자신의 선택을 후회하며 반핵운동에 나섰다. 아인슈타인의 죽음 이후 발표된 러셀·아인슈타인 선언은 반핵운동의 상징이 되었다.

#장면08 #아인슈타인 #러셀

인류는 종말을 초래할 것인가, 전쟁을 포기할 것인가?

러셀·아인슈타인 선언

"내가 만약 히로시마와 나가사키의 일을 예견했었다면, 1905년에 쓴 공식을 찢어버렸을 것이다."

아인슈타인은 핵무기 개발 독촉 편지를 보낸 것을 두고 지기 인생의 최대 실수 가운데 하나라고 자책하며 이렇게 말했다. '억제용'으로만 사용될 것으로 믿었던 핵무기가 실제로 사용되고 또한 핵무기 경쟁이 격화되는 것을 지켜보며 자신의 선택을 후회한 것이다. 사실 아인슈타인은 서명만 했지 편지를 직접 쓰지는 않았다. 그리고 그 편지가 루스벨트의 결정에 중요한 역할을 한 것도 아니다. 하지만 그렇다고 해서 책임이 사라지지는 않는다.

"총알은 사람을 죽이지만, 핵무기는 도시를 파괴한다. 탱크로 총알을 막을 수 있지만, 인류 문명을 파괴하는 핵무기를 막을 수 있는 수단은 존재하지 않는다."

아인슈타인이 핵무기를 반대하는 목소리를 높였지만 사람들은 큰 관심이 없었다. 그는 1946년 대중에게 핵무기 개발의 위험을 알리기 위해 원자과학자 비상위원회를 창립했다. 1947년 8월에는 모든 핵무기를 유엔이 직접 관리해야 한다고 주장했다. 하지만 반공주의가 확산되고 있던 미국에서 그의 주장은 외면을 받았다.

그러던 1949년 9월 소련이 핵실험에 성공하고, 이에 긴장한 미국이 1954년 태평양의 산호섬 비키니에서 수소폭탄 '캐슬 브라보' 실험을 단행하자 인류는 두려움에 떨기 시작했다. 수소폭탄 브라보는 히로시마 핵폭탄의 1200배에 달하는 엄청난 폭발력을 과시했고 비키니섬의 환초산호섬 하나가 완전히 사라져버렸다. 이러다가 미국과 소련 사이에 핵전쟁이라도 일어난다면 지구가 사라져버릴지도 모를 판이었다. 영국의 처칠 수상은 "이러한 핵무기 경쟁을 계속한다면 결과적으로 전 세계는 폐허가 될 것이다"라고 경고했다.

하지만 미국의 아이젠하워 대통령은 베트남과 전쟁 중인 프랑스에 수소폭탄을 공급할 용의를 보여 실전에서 수소폭탄이 사용될 가능성이 커졌다. 1954년 중국과 대만 사이에 포격전을 벌이며 1차 대

"이러한 핵무기 경쟁을 계속한다면
결과적으로 전 세계는 폐허가 될 것이다"

원스턴 처칠(1874~1965)

만 해협 위기가 발생하자, 미국은 대만 총통 장제스에게 수소폭탄을 제공할 수 있다는 제안을 했다.

아인슈타인은 자신의 친구이자 뛰어난 생화학자인 라이너스 폴링Linus Pauling에게 편지를 썼다. 폴링은 원자과학자 비상위원회 위원이기도 했다.

"내가 평생 한 일 가운데 가장 큰 실수는 루스벨트 대통령에게 핵폭탄을 만들도록 권유한 편지에 서명한 일이네…… 독일군이 그것을 만든다면 큰 위험이 닥친다는 당위성은 있었지만……."

1954년 노벨화학상을 받은 폴링은 반핵운동의 공로로 1963년 노벨평화상까지 받았다. 전혀 다른 분야에서 두 개의 노벨상을 받은 사람은 폴링이 유일하다.

한편 인류를 핵 공포에서 구해야 한다는 사명감이 지식인 사이에 퍼질 무렵, 영국의 철학자 버트런드 러셀Bertrand Russell이 아인슈타인을 찾아갔다. 1950년 노벨문학상을 받은 러셀은 분석철학의 창시자이며 근대 수학, 논리학의 발전에도 크게 기여한 인물이다. 그 유명한 '1+1=2'를 증명하기도 했다.

아인슈타인과 러셀은 노벨상 수상 경력이 있는 과학자들을 모아 핵무기의 심각성을 널리 알리기 위해 동분서주했다. 그러나 아인슈타인은 이미 70대 중반의 연로한 상태였다. 1955년 4월 17일 복부 내출혈로 쓰러진 그는 병원에 실려 갔으나 수술을 거부했다.

"나는 내가 떠나고 싶을 때 떠나고 싶습니다. 인간의 기술로 삶을 늘리는 건 천박한 짓인 것 같습니다. 내 사명은 이제 끝냈으니, 우아하게 갈 때입니다."

그는 다음 날 아침까지도 연구를 계속하다 끝내 숨을 거두었다. 러셀은 아인슈타인의 뜻을 이어 과학자들을 모으는 일을 계속했고 마침내 1955년 7월 9일 런던에서 러셀·아인슈타인 성명을 발표했다.

"가장 권위 있는 사람들 모두가 만장일치로 공감하는 견해에 따르면, 수소폭탄을 사용하는 전쟁이 힌 치례만 일어나더라도 인류가 종말을 맞이할 가능성이 높다고 한다. (중략) 이제 우리는 여러분에게 적나라하고도 무시무시하고도 피할 수 없는 문제를 제시하겠다. 인류는 종말을 초래할 것인가? 그렇지 않으면 전쟁을 포기할 것인가? (중략) 여러분의 인간다움을 상기하라. 그런 다음에 나머지는 모두 잊어버려라. 만약 그렇게 할 수 있다면, 새로운 낙원으로 향하는 전망이 열릴 것이다. 만약 그

▲ 러셀은 1955년 7월 9일 영국 런던에서 러셀·아인슈타인 성명을 발표했다.

렇게 할 수 없다면, 인류 전체가 멸종당할 위험이 여러분 앞에 다가오게 될 것이다. (중략) 향후에 세계대전이 일어날 경우 핵무기가 틀림없이 사용될 것이고, 그러한 무기가 인류의 지속적인 생존을 위협하고 있다. 이런 사실을 감안하여 세계의 모든 정부는 자국의 목적을 실현하는 수단으로서 세계대전을 일으켜서는 안 된다는 점을 자각하고 공식적으로 인정할 것을 촉구한다. 따라서 우리는 국가들 사이에 발생하는 모든 분쟁 문제의 해결 방안으로서 평화적 방법을 강구할 것을 촉구한다.”

– 러셀·아인슈타인 선언The Russell-Einstein Manifesto 중에서

러셀·아인슈타인 선언은 미국, 소련, 영국, 프랑스, 중국, 캐나다 정상들에게 전해졌다. 선언 참가자들은 훗날 반핵·군축을 논의하는 모임도 만들었다. 1957년 9월, 10개국 22명의 과학자가 캐나다의 퍼그워시라는 어촌에 모여 첫 회의를 열었다. 이 장소를 기념해 회의 이름을 퍼그워시 회의Pugwash Conference라 하였다. 전 세계의 반전, 반핵운동 확산에 기여한 이 회의는 지금까지도 이어지고 있으며 우리나라를 포함해 65개 나라에 지부가 있다. 1995년에는 이러한 공로를 인정받아 노벨평화상을 수상하기도 했다.

Instagram

 10대가 알아야 할 핵의 역사

Stop War

Lorem Ipsum is simply dummy text of the printing and typesetting industry. Lorem Ipsum has been the industry's standard dummy text ever since the 1500s, when an unknown printer took a galley of type and scrambled it to make a type specimen book.

전 세계를 휩쓴 반핵 여론은 핵무기 없는 세계를 향해 조금씩 전진했다. 전 세계 비핵화를 바라는 여론과 핵 독점을 노리는 강대국 정부 사이의 끝없는 줄다리기는 핵실험을 막는 조약들을 만들어냈다. 바로 부분적핵실험금지조약PTBT과 포괄적핵실험금지조약CTBT이다. 그러나 이런 조약들로 과연 핵무기 없는 세계가 가능할지는 의문이다.

#장면09 #핵실험금지조약 #퍼그워시_회의

그래, 우리는 할 수 있다!

핵실험금지조약 : 핵실험 없이 핵무기 만들기

1995년 7월, 일본 히로시마에 전 세계 과학자들이 모여들었다. 45차 퍼그워시 연례회의에 참석하러 온 과학자들이었다. 이날의 주제는 '핵무기 없는 세계를 향하여'였다. 참가자들은 다들 흥분한 상태였다. 이날 회의가 히로시마에서 열린 것은 히로시마 원폭 투하 50년을 추모하자는 의미였는데, 때맞춰 러셀·아인슈타인 선언 발표 40주년을 기념하여 퍼그워시 회의가 노벨평화상을 수상할 가능성이 높다는 소식이 들려왔기 때문이다.

하지만 과학자들은 마냥 기뻐할 수만은 없었다. 퍼그워시 회의의 노력으로 1963년 부분적핵실험금지조약PTBT이 체결되었고 미국과 소련 사이에 군축 회의가 열리기도 했지만, 이날 주제인 '핵무기 없는 세계'에 진입하기에는 아직 갈 길이 멀었기 때문이다.

"부분적핵실험금지조약을 성과라고 할 수 있나? 어차피 지하에서 실험하면 그만인데."

"그래도 지하에서 하는 게 방사능 낙진은 줄어드니까 성과는 성과 아닌가."

부분적핵실험금지조약은 공중, 수중, 우주에서 핵실험을 금지하였다. 방사능 피해가 크기 때문이다. 하지만 지하 핵실험을 언급하지 않았기 때문에 핵실험을 원천 금지하지는 못했다. 지하 핵실험을 할 기술력이 부족했던 프랑스와 중국은 조약 참여를 거부하고 지상, 공중, 수중 핵실험을 계속했다. 조약을 주도했던 미국, 영국, 소련도 지하 핵실험 횟수를 갈수록 늘렸다.

"PTBT는 시작에 불과하네. 이제 곧 모든 핵실험을 금지할 CTBT가 탄생할 걸세."

"맞아. 재작년에 이미 유엔 결의안이 통과되지 않았나. 조금만 기다려보자고."

"핵실험을 금지하는 게 과연 누구에게 도움이 될까? 핵실험을 금지하면 새로운 핵 보유국은 늘어나지 않겠지만 이미 핵무기를 보유

▲ 1945년 8월 6일 오전 8시 15분, 일본 히로시마에 우라늄 핵폭탄 '리틀 보이'가 떨어졌다.
도시의 3분의 2가 파괴되고 주민 35만 명 가운데 14만 명이 죽었다.

한 나라는 아무 상관이 없지. 그들은 이미 2천 번이 넘는 충분한 핵실험을 했거든. 결국 핵 보유국의 독과점을 보장해줄 뿐이지. 핵무기금지조약이 아닌 이상 모든 조약은 다 기만이야!"

1993년 유엔은 모든 나라가 참여하는 포괄적핵실험금지조약CTBT을 추진하자는 결의안을 통과시켰다. 그리고 1996년 9월 10일, 유엔은 조약을 공식 채택했다. 이번에는 프랑스와 중국도 가입했다. 이미 핵실험을 충분히 했기 때문에 군이 피할 이유가 없었다. 포괄적핵실험금지조약은 1조에서 "모든 종류의 핵실험을 모든 장소에서 금지"한다고 밝혀 핵실험을 원천 금지하였다. 그리고 조약 준수를 감시하기 위해 포괄적핵실험금지조약기구CTBTO를 수립하기로 했다. 부분적핵실험금지조약과는 차원이 달랐다.

그러나 이 조약은 아직까지도 발효가 되지 않았다. 조약 14조 "부속서 2에 명시한 모든 국가가 비준한 뒤 180일 만에 효력이 발생"한다는 조항에 걸린 것이다. 1995년 당시 핵반응로 이상의 핵시설을 보유한 44개국 가운데 인도, 파키스탄, 북한 등 세 나라가 조약에 서명하지 않았고, 미국, 중국, 이란, 이집트, 이스라엘 등 다섯 나라는 서명만 하고는 의회의 비준 동의 절차를 마치지 않았다. 덕분에 조약 채택 후에도 인도, 파키스탄, 북한은 조약에 구애받지 않고 핵실험을 계속했다. 일본에서 반핵운동단체인 피스데포를 설립한 우메

바야시 히로미치梅林宏道 교수는 이들 8개국이 조약을 비준하지 않은 가장 큰 이유로 "최강의 핵 보유국인 미국이 비준할 전망이 안 보인다"는 점을 꼽았다. 미국 의회는 낡은 핵무기를 개량하기 위해서는 지하 핵실험이 필요하다는 이유로 비준을 거부하고 있다.

오늘날 포괄적핵실험금지조약은 새로운 도전을 받고 있다. 바로 임계전 핵실험이다. 임계전 핵실험은 고성능 폭약을 터뜨려 우라늄이나 플루토늄 같은 핵물질이 연쇄반응을 일으키기 직전 상태까지 충격을 준 뒤 핵물질의 반응을 분석해 핵폭발 성능을 예측하는 실험이다. 이 실험을 하는 나라들은 핵폭발이 없기 때문에 조약 위반이 아니라고 주장한다. 미국과 소련은 포괄적핵실험금지조약 채택 후 임계전 핵실험을 실시하며 조약 위반 시비를 피해갔다. 북한도 2018년 4월 정부 발표를 통해 임계전 핵실험을 한 적이 있다고 공개했다.

임계전 핵실험도 핵실험으로 볼 것이냐는 아직 논란 속에 있다. 핵폭발이 없었더라도 슈퍼컴퓨터 시뮬레이션을 통해 핵분열 연쇄반응을 구현하면 실제 핵실험이나 다를 바가 없다. 그러나 해당 국가가 공개하지 않는 이상 임계전 핵실험을 외부에서 알 방법은 마땅치 않다.

2009년 4월, 체코 프라하에서 '핵무기 없는 세상'을 주장해 노벨평화상을 받은 미국의 오바마 대통령도 출범 후 임계전 핵실험을

**INTERNATIONAL DAY FOR THE TOTAL
ELIMINATION OF NUCLEAR WEAPONS**

26 September

진행했다. 오바마 정부는 미국의 핵무기가 낡았으므로 신형 핵무기로 교체해야 한다며 대규모 예산을 편성했다.

　오바마 정부의 뒤를 이은 트럼프 정부도 30년에 걸쳐 1조2천억 달러의 예산을 투입해 핵무기 현대화 계획을 추진할 것이라고 선언했다. 신형 핵무기 개발을 위해서는 핵실험이 반드시 필요하다. 당연히 미국은 임계전 핵실험을 추진할 것이다. 오바마 대통령이 대선에서 외쳤던 슬로건 "그래, 우리는 할 수 있다!"에는 국제사회의 비난에도 아랑곳없이 신형 핵무기를 만들 수 있다는 말도 포함되었던 것일까?

Instagram

 10대가 알아야 할 핵의 역사

핵실험을 금지해도 핵 보유국은 핵무기를 계속 만들 수 있다. 그리고 핵 보유국의 기술을 이용하면 핵 비보유국도 핵 개발을 할 수 있다. 따라서 핵실험 금지와 더불어 핵 보유를 막기 위한 조약도 필요하다. 그렇게 탄생한 것이 1970년 발효된 핵무기 비확산에 관한 조약NPT, 속칭 핵확산금지조약이다. 그런데 핵 보유를 막는 대표적인 조약인 핵확산금지조약은 대표적인 불평등 조약이 되어 버렸다.

#장면10 #핵확산금지조약 #벤카타_기리

아무것도 하지 않았고, 아무것도 하지 않으려는 핵 보유국

핵확산금지조약 : 비핵화인가 핵독점인가

"이건 핵의 인종차별 정책이야!"

바라하기리 벤카타 기리Venkata Giri 인도 대통령은 '핵무기 비확산에 관한 조약'NPT, 약칭 핵확산금지조약 가입을 촉구하는 국제사회의 압력에 반발했다. 이미 비밀리에 핵 개발을 진행하고 있던 인도 입장에서 NPT에 가입하는 건 자기 발목을 잡는 꼴이었다.

1945년 미국이 최초로 핵 개발에 성공한 이래 1949년 소련, 1952년 영국, 1960년 프랑스, 1964년 중국, 1966년 이스라엘이 차례로 핵 개발에 성공했다. 이대로 가면 웬만한 나라들은 모두 핵무기를 보유할 게 불 보듯 뻔했다. 최대 핵 보유국이었던 미국과 소련은 더 이상의 핵 보유국이 출현하는 것을 막기 위해 1965년 협상에 돌입, 1968년 7월 1일 NPT를 체결하였다. 더 이상의 핵 보유를 금지한 NPT는 1970년 3월 5일 43개국이 가입한 가운데 정식 발효되었고 현재 188개국이 조약에 가입한 상태다.

"인도는 제 3세계를 대표하는 나라인데 이런 중요한 국제 조약에 참여를 안 하면 어떡합니까. 인도가 모범을 보여야 다른 나라들이 가입할 게 아닙니까. 아니, 제 3세계 국가들이 우후죽순 핵무기를 만들어도 상관 없단 말입니까?"

안드레이 그로미코 소련 외무장관은 어떡하든 인도를 설득하려 했다. 인도를 부추겨 중국을 견제하려는 구상을 갖고 있던 미국은 인도의 NPT 가입 거부를 방치하고 있었다. 벤카타 기리 대통령은 즉각 반발했다.

"소련은 이미 핵무기가 있으니 상관없겠지만 우리는 사정이 다릅니다. 세상에 핵무기를 이미 보유한 나라는 계속 갖고 있어도 되고 아닌 나라는 가지면 안 된다니, 이런 불평등한 조약이 세상에 어디 있습니까?"

"지금 누굴 바보로 아는 거요?
어차피 NPT야 핵 보유국들이
핵독점을 원해서 만든 건데
당신네들이 핵무기를 전파할 일이
어디 있소?"

벤카타 기리(1894~1980)

실제로 NPT는 출범할 때부터 불평등 논란에 휩싸였다. 1967년 1월 1일 이전에 핵무기를 보유한 나라를 '핵 보유국'으로 규정하고 특혜를 준 것이다. 반면 그때까지 핵무기를 갖지 못한 나라를^{비핵국가}는 절대 핵 보유를 할 수 없도록 했다.

"우리도 조약상 의무가 있습니다. 조약에 따르면 핵 보유국은 비핵국가에게 핵무기를 전파하지 않고, 핵무기 감축을 위한 협상을 성실히 이행할 의무가 있습니다."

"허참, 지금 누굴 바보로 아는 거요? 어차피 NPT야 핵 보유국들이 핵독점을 원해서 만든 건데 당신네들이 핵무기를 전파할 일이 어디 있소? 그러니 첫 번째 의무는 있으나 마나이고, 두 번째 의무인 핵무기 감축도 '성실히'란 애매한 표현 때문에 역시 있으나 마나인 거 아니요?"

그로미코 장관은 벤카타 기리 대통령의 반박에 말문이 막혔다. 인도 대통령의 목소리 톤이 조금 더 올라갔다.

"반면에, 비핵국가는 엄격한 의무를 지게 됩니다. 핵 개발을 하지 않을 의무, 평화적 핵 이용을 핵 개발로 전용하지 않는지 감시받을 의무, 이런 게 핵 보유국의 의무에 비해 매우 구체적으로 규정되어 있습니다. 게다가 국제원자력기구IAEA가 우리를 불시에 사찰하며 철저히 감시하겠다는데 우리가 무슨 잠재적 범죄국가도 아니고……그리고 당신네 핵 보유국은 우라늄, 플루토늄 같은 핵물질을 다룰 때도 아무런 신고도 할 필요가 없고 사찰도 받지 않는데 이게 불평등조약이 아니면 뭡니까? 핵 보유국이 비핵국가를 핵무기로 위협할 수 없도록 하는 장치도 조약에는 없지요?"

인도는 끝내 NPT 가입을 거부했다. 벤카타 기리 대통령은 '우리는 전쟁과는 거리가 먼 원자력 에너지를 개발해야 한다. 그러나 만약 그것이 다른 목적에 쓰이도록 인도가 강요를 받게 된다면, 어느 누구도 그것을 막을 수 있는 권한은 없을 것'이라고 한 인도의 초대 총리 자와할랄 네루Jawaharlal Nehru의 말을 떠올리며 핵 개발 의지를 다졌다.

인도뿐만이 아니었다. 프랑스와 중국은 핵 보유국으로 인정받고 있음에도 불구하고 불평등 조약이라는 이유로 조약 가입을 거부했다. 이스라엘 역시 조약 가입을 거부하고 핵 개발을 지속했다. 인도, 남아프리카공화국, 파키스탄은 조약에 가입하지 않고 각각 1974년, 1979년, 1989년 핵 개발에 성공했다. 북한은 1985년 가입했다가 미국의 핵 위협에 반발해 2003년 조약을 탈퇴, 2006년 핵 개발에 성공했다. 한 마디로 NPT는 지키는 나라만 손해를 보는 조약이 된 것이다.

NPT는 25년이 지나면 조약을 계속 유지할지 검토하도록 되어 있었다. 1995년 5월 11일 미국 뉴욕의 유엔본부에서 NPT 가입국들은 만장일치로 조약의 무기한 연장을 결정했다. 만장일치라고는 하지만 모두가 흔쾌히 동의한 것은 아니었다. 핵 보유국들은 자신들의 의무를 전혀 지키지 않았기 때문에 비핵국가의 쏟아지는 비판을 받아야 했다. 하지만 NPT가 사라지면 세계의 핵 질서가 파괴된다. 핵 군축을 위해 지속적으로 노력하겠다는 핵 보유국의 설득에 비핵국가들은 동의할 수밖에 없었다.

이 과정에서 프랑스는 핵실험 강행을 천명했고 이스라엘은 조약 가입을 거부했다. 이집트는 이스라엘에 맞서 자국 핵 개발에 박차를 가하겠다고 선언했다. 중국은 합의서의 잉크도 마르기 전인 5월 15일 42번째 대규모 지하핵실험을 실시했다. NPT가 무용지물임이 분명히 드러났다. 또한 무기용핵분열물질생산금지조약FMCT 협상을 개시하기로 합의했지만 아직도 협상은 열리지 않고 있다. 이런 이유로 1995년 이후 5년마다 열리는 NPT 검토회의는 비핵국가의 성토장이 되었다.

"모든 것은 변한다. 시대가 바뀌면 생각도 바뀐다."

2005년 7월, 조지 부시George Bush 미국 대통령은 기자회견에서 이렇게 말했다. 부시 대통령은 만모한 싱Manmohan Singh 인도 총리를 워싱턴으로 초대해 원자력 협력을 제안했다. 인도가 비록 NPT에 가입은 하지 않았지만 1974년과 1998년 핵실험을 통해 사실상 핵 보유국이 되었고, 다른 나라에 핵물질과 핵기술을 전파하지 않았으므로 평화적 핵 이용을 위한 기술을 제공하겠다는 것이었다. 인도는 NPT를 부정한 나라로, 미국의 이런 행위는 NPT를 뿌리부터 흔드는 행위였다. 국제사회는 곧장 미국의 이중적 태도를 규탄했다. 물론 미국의 의도는 인도와 협력을 강화해 중국을 압박하려는 것이었다. 이런 미국의 의도는 오늘날까지 이어지고 있다. 2017년 트럼프 미국 행정부는 아시아·태평양 전략을 인도·태평양 전략으로, 태평양사령부를 인도·태평양사령부로 개칭했다. 그만큼 인도가 미국에게 중요하다는 뜻이다.

한편 2015년에 열린 NPT 검토회의는 합의문 채택에 실패하며 파행으로 끝났다. 당시 회의의 쟁점은 중동 비핵지대 회의 개최였다. 중동 비핵지대란 중동 지역을 핵무기가 없고 핵 위협도 할 수 없는 지역으로 설정하자는 구상이다. 비핵국가들의 요구로 중동 비핵지대를 위한 회의를 2016년 3월 1일까지 개최하자는 문구를 합의문에 담았지만 미국, 영국, 캐나다가 거부한 것이다. 표면상의 이유는 회의 개최 기한이 일방적이라는 것이었다.

하지만 중동 비핵지대 설정은 1995년 NPT 무기한 연장 결정을 하면서 국제사회가 함께 약속했던 것이고, 2005년 NPT 검토회의에서도 2012년까지 회의를 개최하기로 합의한 내용이었다. 물론 2012년 중동 비핵지대 회의는 미국의 일방적인 연기 선언으로 무산되었다. 2016년이라는 시한은 절대 무리한 요구가 아니었다.

당시 세 나라가 중동의 유일한 핵 보유국인 이스라엘을 위해 합의를 거부했다는 것은 공공연한 비밀이었다. NPT 가입국도 아닌 비공식 핵 보유국을 위해 세 나라가 보인 태도는 핵 보유국들이 얼마나 이중적인지를 잘 보여준다.

2015년 회의가 무산된 또 하나의 요인은, 핵 보유국이 핵군축 의무를 무시하고 있다는 점이었다. 핵 보유국은 핵군축이 장기 과제인데다가 단계적으로 접근해야 한다며 재촉하지 말라고 못을 박았다. 비핵국가는 핵 보유국이 핵무기 현대화 작업을 하고 있다며 핵군축을 할 생각조차 없지 않느냐고 비난했다. 포괄적핵실험금지조약CTBT 발효 역시 아무런 진전이 없었다. 미국은 의회의 반대를 핑계로 CTBT 비준 동의를 미루고 있으며 중국은 미국을 핑계로 비준을 보류했다.

핵 보유국들의 횡포는 유엔총회 결의안의 투표 행태에서 극명하게 드러난다. 2009년 핵무기사용금지협약NWC, 포괄적핵실험금지조약, 핵분열성물질생산금지조약FMCT, 비핵국가에 대한 소극적 안전보장NSA 조약화 결의안을 비롯해 비핵지대 조약, 핵군축 의무, 방사성 물질 취득 방지 등에 관한 총 19건의 결의안 중 표결에 붙여진 13건의 표결 결과를 보자.

		미국	영국	프랑스	러시아	중국	이스라엘	인도	파키스탄	이란	북한	남한	일본
횟수	찬성	2	4	2	6	10	1	6	8	12	9	7	8
	반대	8	6	7	2	0	7	2	0	0	3	1	1
	기권	3	3	4	5	3	5	5	5	1	0	5	4
	불참	0	0	0	0	0	0	0	0	0	1	0	0
백분율 (%)	찬성	15	31	15	46	77	8	46	62	92	69	54	62
	반대	62	46	54	15	0	54	16	0	0	23	8	8
	기권	23	23	31	38	23	38	38	38	8	0	38	31
	불참	0	0	0	0	0	0	0	0	0	8	0	0

비핵국가는 핵 보유국을 향해 '그동안 아무것도 하지 않았으면서, 앞으로도 더욱 격렬하게 아무것도 하지 않으려 한다'고 규탄했다. 하지만 이런 규탄으로는 핵 보유국을 움직일 수 없었다. 국제사회는 어디까지나 힘이 지배하는 사회이기 때문이다. 한 마디로 '억울하면 너희도 핵 개발을 하지 그랬냐'는 것이다.

10대가 알아야 할 핵의 역사

핵실험금지조약, 핵확산금지조약 외에도 핵무기 없는 세계를 만들기 위한 국제사회의 노력은 다양하게 존재한다. 비핵화 여론을 이용해 자국의 핵독점권을 강화하려는 핵 보유국과 핵무기 없는 세계를 만들려는 사람들 사이의 끝없는 갈등과 도전을 살펴보자.

#장면11 #핵무기금지조약 #핵군축협정 #비핵무기지대
#안토니우_구테흐스

핵을 끝낼 것인가, 우리가 끝날 것인가

핵무기금지조약, 핵군축협정, 비핵무기지대

핵무기금지조약

노골적인 불평등 조약인 핵확산금지조약NPT을 대체하기 위해 국제사회는 핵무기금지조약TPNW을 만들었다. 2017년 7월 7일 유엔총회에서 122개국의 찬성으로 통과된 이 조약은 모든 핵무기의 폐기, 핵 개발 금지, 핵우산 제공 금지, 핵무기 사용 운송 금지 등 핵무기를 원천 제거하는 강력한 조약이다. 이 조약을 앞장서서 추진했던 스위스의 핵무기폐기국제운동ICAN은 2017년 노벨평화상을 받았다. 베아트리스 핀 ICAN 사무총장은 수상식 이후 열린 강연에서 "핵을 끝낼 것인가, 우리가 끝날 것인가 선택할 때"라고 호소했다.

이 조약의 내용은 사실 매우 상식적이다. 독가스무기, 세균무기

같은 생화학무기와 네이팜탄, 지뢰 등은 군인과 민간인을 가리지 않고 참혹한 고통을 준다는 이유로 국제법으로 금지하였다. 똑같은 대량 살상용 무기인데 핵무기만 예외일 이유는 없다.

그러나 핵무기금지조약은 50개국 이상이 비준해야 한다는 조건을 충족하지 못해 아직 발효되지 않았다. 하지만 발효가 돼도 실효성 논란은 피할 수 없다. 모든 공식, 비공식 핵 보유국들이 서명을 거부했기 때문이다. 전 세계에서 유일하게 핵 공격을 당한 일본도 불참을 선언했다. 한국도 가입하지 않았다. 한국, 일본은 미국의 핵우산에 포함되어 있기에 찬성하지 않은 것이다.

안토니우 구테흐스António Guterres 유엔 사무총장은 "새 조약은 핵무기 없는 세상을 향한 첫걸음"이라며 "핵무기가 우리의 세계와 자녀들이 미래를 위태롭게 하는 것을 절대 용인하지 않을 것"이라고 강조했다. 하지만 장 이브 르 드리앙 Jean-Yves Le Drian 프랑스 외무장관은 "무책임에 가까운 희망 사항에 불과하다"라며 이를 폄하했다. 핵 보유국이 자발적으로 핵무기금지조약에 가입할 일은 없을 듯해 보인다.

핵군축협정

개별 나라들 사이에서 핵군축을 한 사례도 있었다. 바로 미국과 소련러시아의 핵군축협정이다. 두 나라는 1972년 1차 전략무기제한협정SALT I, 1974년 2차 전략무기제한협정SALT II, 1987년 중거리핵폐기협정INF 협정, 1991년 1차 전략무기감축협정START I, 1992년 2차 전략무기감축협정START II, 2002년 전략공격무기감축협정SORT, 2010년 새 전략무기감축협정New START을 체결했다. 두 나라의 핵군축협정은 핵무기 수를 극적으로 줄였다.

그러나 여기에는 눈속임이 있다. 예를 들어 새 전략무기감축협정New START은 실전배치launch-ready 핵무기는 감축하지만 대기standby 상태 핵무기나 전술핵무기 등은 제한을 두지 않는다. 쉽게 말해 실전배치한 핵무기를 창고로 옮기면 그만인 셈이다. 스톡홀름국제평화연구소SIPRI가 발표한 연례군축보고서에 따르면, 2015년 기준 세계핵 보유국 보유량은 15811~15853개인데 이 가운데 러시아가 7500개, 미국이 7260개로 여전히 90% 이상의 압도적으로 많은 양을 두나라가 차지하고 있다. 결국 양국의 핵군축협정은, 핵독점은 계속 유지하면서 핵무기 유지비용을 줄이기 위한 속임수에 불과했다.

게다가 두 나라는 핵군축을 핑계로 핵무기 현대화를 추진하고 있다. 다시 말해 핵무기 수를 줄이는 대신 성능이 더 좋은 핵무기를 개발하겠다는 것이다. 2006년 4월 5일 미국 백악관은 2020년까지 매년 125개의 핵탄두를 생산, 총 2000개 보유를 목표로 하는 야심만만한 청사진을 발표했다. 2011년에는 오바마 정부가 새 전략무기감축협정 상원 통과를 위해 향후 10년에 걸쳐 1840억 달러를 핵무기 유

NUCLEAR
WEAPON
FREE
ZONE

지·개발에 투입하겠다고 약속했다. 핵탄두 관련 예산으로는 냉전 시대까지 포함해 사상 최고 액수였다.

미국·러시아 핵군축협정 사례는 핵 보유국끼리 비핵화를 약속할 것이라는 기대가 얼마나 순진한 것인지를 잘 보여준다.

비핵무기지대

전 세계 비핵화를 위한 다른 노력으로 비핵지대화 움직임이 있다. 당장 전 세계 비핵화가 불가능하므로 일부 지역부터 비핵화를 하고 그 영역을 점차 넓혀가자는 것이다. 비핵지대란 핵무기가 없고, 핵 보유국이 공격하지 않기로 약속한 지대를 말한다. 현재 비핵지대는 남극1959년, 중남미1967년, 남태평양1985년, 동남아시아1995년, 아프리카1996년, 몽골1998년, 중앙아시아2006년가 있다. 제안, 논의 혹은 추진 중인 지역으로 중동, 북극, 남아시아, 동유럽과 중유럽, 동북아시아 등이 있다. 비핵지대마다 비핵화를 보장하는 조약이 있고 감시기구가 있다. 비핵지대에 따라 핵무기의 통과까지 금지하는 경우도 있다.

그러나 비핵지대에도 한계가 있다.

일단 핵 보유국이 안전보장을 하지 않는 경우가 있다. 남태평양 비핵지대와 아프리카 비핵지대의 경우 미국이 안전보장 의정서를 비준하지 않아 불완전한 비핵지대가 되었다. 동남아시아 비핵지대와 중앙아시아 비핵지대, 몽골 비핵지대의 경우에는 5대 핵 보유국이 모두 안전보장 의정서를 비준하지 않았다. 이런 경우 이들 지역은 핵 보유국의 핵 공격에 고스란히 노출되고 만다.

다음으로 비핵지대가 되어도 유사시 핵 전쟁터가 될 수 있다. 원래 조약이란 현실에서 얼마든지 파기할 수 있다. 전쟁이 발발하면 누구도 비핵지대조약을 제대로 지킨다는 보장을 할 수 없다.

게다가 일부 지역에서는 조약에 애매한 조항을 넣어 둔 경우도 있다. 예를 들어 중앙아시아 비핵지대 조약 12조를 보면 조약 발효일 이전에 체결된 다른 조약을 인정한다고 되어 있다. '다른 조약'이 무엇인지는 명시하지 않았지만 1992년 5월에 맺은 독립국가연합cis 집단안보조약을 염두에 둔 것이다. 이 조약 4조는 "가입국이 다른 국가 또는 국가 집단에게 침략당할 경우 조약 가입국 전체에 대한 침략으로 간주하고 당장 군사 지원을 포함한 필요한 지원을 한다"고 명시했다. 이에 따라 어떤 조약 가입국이 공격을 당하면 같은 조약 가입국인 러시아가 핵무기를 동원해 군사 지원을 할 수도 있는 것이다.

이게 가능한 또 다른 이유는 비핵지대 조약들이 핵무기의 통과를 개별 국가의 선택에 맡겨두었기 때문이다. 핵무기를 일시적으로 배치하는 것과 핵무기가 그 지역을 통과하는 것을 엄밀히 구별하는 것은 쉽지 않은 문제다.

또한 비핵지대에 속한 나라가 마음만 먹으면 얼마든지, 아무도 모르게 핵 개발을 할 수 있다는 문제도 있다. 중남미 비핵지대의 예를 보자. 중남미의 경쟁국이었던 브라질과 아르헨티나는 중남미 비핵지대화 조약을 체결한 후에도 비밀리에 핵 개발을 계속했다. 브라질은 파라주 아마존정글에 핵실험을 위한 300m 갱도를 건설했다가 1986년 언론에 들통이 났다. 아르헨티나는 1983년 비밀리에 우라늄 농축시설을 개발했고 1990년에는 소규모 우라늄 재처리시설을 완성했다. 양국은 1991년 7월 과달라하라협약을 맺고 상호 핵시설을 감시하는 기구를 만들면서 핵 개발을 멈췄다.

끝으로 핵 보유국 사이의 이해관계가 밀집한 지역은 비핵지대가 될 수 없다는 점이다. 공식, 비공식 핵 보유국이 자국이 포함된 지역을 비핵지대로 만드는 것을 합의할 리가 없다. 또한 핵 보유국의 이해관계가 밀집한 중동, 동북아시아 지역의 경우 비핵지대 요구가 끊이지 않지만 공식 논의조차 들어가지 못하고 있다.

핵무기 없는 세계를 만들려면

이처럼 핵무기 없는 세계는 아직까지 요원하기만 하다. 그 이유는 간단하다. 핵 보유국이 핵무기를 내려놓을 생각이 없고, 무소불위의 힘을 가진 핵 보유국을 통제할 방법이 없기 때문이다. 핵무기 없는 세계를 만들기 위한 다양한 노력들이 핵무기 확산을 막고 핵무기를 줄이는 효과를 내긴 했지만 핵무기를 완전히 없애지는 못하는 이유다.

핵무기를 완전히 없애기 위해서는 핵 보유국이 핵무기를 포기할 수밖에 없도록 만들어야 한다. 그런데 국제사회의 지속적인 압력이 과연 무소불위의 힘을 가진 핵 보유국을 굴복시킬 수 있을까?

지금까지 핵무기를 포기한 핵 보유국은 4개 나라다. 남아프리카 공화국은 1970년대에 비밀 핵 개발을 통해 10개 미만의 핵무기를 보유했는데 냉전이 끝나자 핵무기가 필요 없다는 판단 아래 스스로 핵 보유를 공개하고 핵무기를 폐기했다. 일각에서는 인종차별정책을 포기하고 흑인 정부에게 권력을 넘길 상황이 되자 '흑인에게 핵무기를 맡길 수 없다'는 백인들의 결정으로 보기도 한다.

우크라이나, 카자흐스탄, 벨라루스는 소련 해체로 갑자기 핵 보유국이 된 경우다. 자국 영토에 소련이 배치한 핵무기가 남아 있었던 것이다. 이들 나라는 직접 핵 개발을 한 게 아니므로 핵무기를 운용하기 힘들다는 판단에 핵무기를 폐기했다.

이처럼 역사적으로 핵폐기를 한 나라들은 국제사회의 압박에 굴복한 게 아니라 스스로 필요에 따라 핵무기를 폐기한 것이다. 따라서 핵무기 없는 세계를 만들려면 지금 있는 핵 보유국도 스스로 필요해서 핵무기를 포기하도록 만들어야 한다. 즉, 핵무기가 필요 없는 상황을 만들어야 한다. 핵무기가 필요 없는 세상이란 모든 나라가 힘으로 다른 나라를 괴롭히지 않고 평화롭게 살아가는 세상이다.

즉, 전쟁이 필요 없는 세상이다.

　너무 이상적이고 억지스러운 이야기일까? 지금껏 인류 사회에 등장했다가 사라진 모든 무기는 그보다 더 효율적이고 뛰어난 무기로 대체되었다. 총이 나오면서 활이 사라졌다. 미사일은 효율성 측면에서 아직 대포를 대체하지 못했다. 다양한 국제조약과 감시기구들이 있지만 생화학무기나 지뢰 같은 불법무기가 사라지지 않는 이유를 생각해 보자. 대한민국도 대인지뢰를 금지한 오타와 협약Ottawa Treaty에 가입하지 않고 아직까지 지뢰를 사용하고 있다. 전쟁 가능성이 있기 때문이다.

　역시 결론은 전쟁이 사라진 세계를 만드는 것밖에 없다. 과연 그밖에 다른 방법이 있을지 의문이다.

핵무기를 반대하는 사람도 핵발전소까지는 반대하지 않는 경우가 많다.

현실적 대안이 없기도 하고 관리를 잘하면 된다고 생각하기 때문이기도 하다.

그러나 현실에서 핵발전소가 핵무기보다 인류의 생존을 더 위협한다는 것을 아는 이는 많지 않다.

단적인 예로 핵폭탄이 터졌던 히로시마는 4년 만에 도시 재건을 시작해 지금은 일본에서

10번째로 인구가 많은 도시가 됐다. 반면 1986년 폭발한 체르노빌 핵발전소가 있던 지역은

30년도 더 지난 아직도 출입 제한이 있으며 핵발전소를 처리하는 데 앞으로 100년은 더 걸릴 것이라고 한다.

왜 이런 차이가 날까? 체르노빌 사고로 흩어진 방사능 물질의 양은

히로시마 핵폭발로 쏟아진 방사성 물질의 400배에 달하기 때문이다.

핵폭탄,
그리고 **핵발전소**

미국 스리마일 핵발전소

10대가 알아야 할 핵의 역사

"WHOLE OF THE EARTH WILL BE BUT ONE GREAT NEIGHBORHOOD"

Dr. Compton Envisions the Great Development of Our Communications

By A. H. COMPTON,
Nobel Prize Winner, Who Proved That X-Rays Act Like Corpuscles.

DURING the next eighty years we may confidently expect power to become cheaper and more widely distributed, and motors and fuel less bulky. Possibly this may mean the development of atomic power. We should at least know by that time whether we may look toward atomic destruction as a source of power that man may use. Following this power development, transportation should become faster and cheaper, and communication by printed and spoken word and tele-

Times Wide World Photo.
Professor Arthur H. Compton.

전쟁은 과학기술을 빠르게 발전시킨다. 우리가 일상적으로 사용하는 컴퓨터, 인터넷, GPS 내비게이션 등은 모두 군사용으로 개발됐던 것이다. 그리고 핵 발전소 역시 핵무기 제조를 위해 탄생했다.

#장면12 #아서_콤프턴 #엔리코_페르미

이탈리아 항해사가 신세계에 도착했습니다

최초의 원자로를 만들다

"자, 가져온 흑연벽돌, 거기 바로 앞에 있는 검은 벽돌 말입니다, 그걸 여기 설계도대로 쌓아주세요."

1942년, 엔리코 페르미Enrico Fermi는 세계 최초의 핵발전소 공사를 시작했다. 하지만 세계 최초의 핵발전소 공사라고 하기에는 조촐했다. 시카고대학 운동장 서쪽 스탠드 아래 스쿼시 코트가 공사장이었다. 지금 생각해 보면 참으로 끔찍한 일을 한 셈인데, 인구가 밀집된 도시 한가운데 시험용 원자로를 세웠으니 만약 시험 도중 통제가 안 되는 사고라도 났으면 어쩌려고 했는지 모를 일이다.

1901년 이탈리아 로마에서 태어난 페르미는 학창시절부터 천재적인 재능을 보였다. 이탈리아 학계는 갈릴레오의 뒤를 이을 천재 물리학자가 나왔다며 기뻐했다. 25세에 로마대학교 이론물리학 교수가 된 페르미는 당시 물리학계의 화두였던 양자역학에서 두각을 나타냈다. 페르미는 페르미온fermion으로 분류되는 입자들의 특성을 설명할 모형과 중성미자를 제안했고, 약한 상호작용 이론을 만든 데 이어 느린 중성자를 만드는 방법을 발견하였으며, 느린 중성자를 이용한 핵분열에도 성공했다. 비록 마지막 핵분열 실험과 관련해서, 본인은 그것이 핵분열이 아니라 새로운 초우라늄 원자를 만든 것으로 착각하긴 했지만. 그리고 우습게도 페르미가 발견한 것이 핵분열이라는 사실이 알려지기 전에 페르미는 초우라늄 원자를 만든 공로를 포함해서 노벨물리학상을 이미 받아버렸다.

하지만 페르미에게도 시련이 닥치고 있었다. 이탈리아에 베니토 무솔리니Benito Mussolini가 집권해 파쇼독재가 시작된 것이다. 페르미의 아내 라우라 페르미는 유태인이었는데 1938년 9월 반유태인법이 통과되자 페르미 부부는 이탈리아를 떠나기로 결심했다. 1938년 노벨물리학상 수상을 위해 스톡홀름으로 간 페르미 부부는 그 길로 미국행 배를 탔다.

미국에 도착한 페르미는 자신이 대서양을 건너는 사이에 리제 마이트너Lise Meitner와 오토 프리슈Otto Frisch가 핵분열을 발견했다는 소식을 들었다. 그리고 자신이 초우라늄 원자를 만든 게 아니라 핵분열을 시킨 것이었음을 비로소 알게 되었다. 페르미는 곧바로 우라늄 연쇄 핵분열 실험에 착수했다.

물리학계가 핵분열의 발견에 흥분할 무렵 2차 세계대전이 터졌다. 미국은 핵무기 개발을 위한 맨해튼 프로젝트를 가동했고 페르미도 여기에 합류했다. 페르미는 여기서 맨해튼 프로젝트 내 원자핵 연구를 지휘하는 아서 콤프턴Arthur Compton을 만났다. 콤프턴은 파동이 입자의 성질을 가질 수 있다는 콤프턴 효과를 발견한 물리학자다.

"그래, 자네 구상을 한번 설명해 보게."

콤프턴은 페르미의 능력을 믿고 있었다. 페르미는 이론과 실험을 겸비한 완벽한 물리학자였다.

"핵분열을 하려면 U-235가 필요한데 천연우라늄에는 U-235가 0.7%밖에 없습니다. U-238에서 U-235를 분리하는 장치를 완성하려면 몇 년이 걸릴지 모릅니다. 따라서 천연우라늄을 그대로 사용해야 합니다. 그러려면 우라늄이 핵분열할 때 나오는 빠른 중성자의 속도를 늦춰서 다른 우라늄들이 느린 중성자와 충돌해 또다시 분열하는 연쇄반응을 일으켜야 합니다."

"중성자를 속도 감소된 느린 중성자로 만들면
훨씬 더 강력한 효과를 낼 수 있습니다."

"우라늄이 핵분열하려면 느린 중성자가 있어야 한다는 거지? 그래서 중성자 속도를 늦출 감속재는 뭘 사용할 텐가?"

"감속재로 좋은 건 물인데, 물은 중성자를 너무 많이 흡수합니다. 물 대신 흑연을 사용하면 중성자를 별로 흡수하지 않고 속도만 느리게 합니다. 그래서 흑연으로 벽을 쌓고 그 안에 우라늄을 넣어서 연쇄 핵분열을 시키려고 합니다."

"좋아, 그런데 만약 연쇄 핵분열 반응이 통제 범위를 벗어나 급격히 일어나면 어떡하지? 우리가 지금 만들려고 하는 핵폭탄처럼 폭발할 것 아닌가. 대책이 있나?"

"그래서 제어봉을 쓰려고 합니다. 중성자를 잘 흡수하는 카드뮴을 긴 막대에 고정시켜 우라늄 더미에 꽂는 겁니다. 얼마나 깊숙이 꽂느냐에 따라 반응을 조절할 수 있습니다. 만약 반응이 너무 많이 일어나면 더 깊이 꽂아 중성자를 흡수하고, 연쇄반응이 점점 줄어들면 조금 뽑아서 반응을 촉진하면 됩니다."

"알겠네, 그럼 바로 시작하게. 그 연쇄 핵분열 장치를 어디에 세우면 좋겠나?"

"저기 스쿼시 코트가 마음에 드는군요."

대학 시설을 이용하려면 로버트 허친스 총장과 상의해야 하지만, 페르미가 마음에 들었던 콤프턴은 즉석에서 결정했다. 곧이어 원자로 공사가 시작됐다. 페르미는 이 원자로를 시카고파일 1호CP-1라고 불렀다. 차곡차곡 쌓아 올린 흑연벽돌 385톤 안에 6톤의 우라늄, 40톤의 산화우라늄, 그리고 제어봉이 들어갔다.

1942년 12월 2일, 추운 날씨에도 페르미와 연구원들은 첫 연쇄반응 실험을 위해 시카고원자로 1호 앞에 모였다.

"그거 알아? 나 어제 새벽 2시까지 작업을 했네. 사실 내가 제어봉을 뽑아서 최초의 원자로를 가동한 사람이 될 수도 있었어."

페르미와 함께 원자로를 설계했던 허버트 앤더슨Herbert Anderson이 농담 삼아 말했다.

"그랬다가 시카고 시민들을 몽땅 날린 인물로 기록될 수도 있었겠지."

페르미도 농담으로 받았다.

"선생님, 이제 시작할까요? 추운데 빨리 합시다!"

원자로 꼭대기에 쭈그리고 앉은 세 명의 연구원들이 실험을 재촉

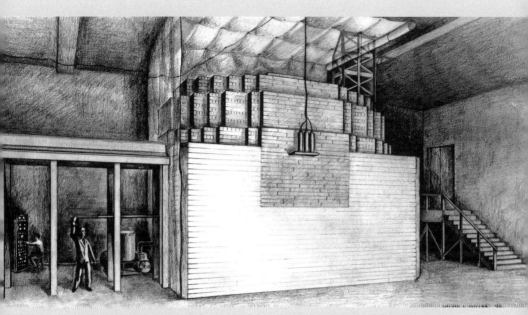

▲ 시카고원자로 1호CP-1. 최초의 원자로로서 시카고대학 운동장 스탠드 아래쪽에 있던,
사용하지 않는 스쿼시 코트에서 만들어졌다. 6톤의 우라늄과 40톤의 산화우라늄
그리고 감속재 역할을 하는 385톤의 흑연벽돌을 층층이 쌓아서 만들어졌기 때문에
물건을 차곡차곡 포개놓은 더미라는 뜻의 파일pile이라는 이름이 붙었다.
설계와 책임을 페르미가 맡았다.

했다. 사람들은 이들을 자살특공대라 불렀다. 이들은 원자로가 통제 불능 상태가 되면 원자로에 카드뮴 더미를 집어넣는 역할을 맡았다. 만약 카드뮴 더미가 불을 못 끄면 이들은 핵폭발로 가장 먼저 죽는 사람이 될 터였다.

"좋아, 조지. 시작해!"

1층에서 카드뮴 제어봉을 잡고 있던 조지 웨일George Weil이 서서히 제어봉을 뽑기 시작했다. 자살특공대와 제어봉 조종자를 뺀 나머지 사람들은 스쿼시 코트 북쪽 끝 발코니로 올라갔다.

처음 제어봉을 4m만 남겼을 때는 중성자가 점점 빨리 발생하다 가 사라졌다. 연쇄반응이 멈춘 것이다. 페르미는 15cm를 더 빼라고 했다. 그래도 연쇄반응은 지속되지 못했다. 오전 내내 조지 웨일은 15cm씩 제어봉을 뽑아야 했다.

"잠깐!"

페르미가 갑자기 외쳤다. 모두 페르미를 바라봤다.

"점심 먹을 시간이군. 일단 먹고 오후에 다시 하자."

이 상황에 밥이라니, 사람들은 허탈하게 서로를 바라봤다. 오후 2시에 실험은 다시 시작됐다. 관중이 두 배로 늘었다. 페르미는 콤프턴에게 이제 성공할 거라고 장담했다. 그리고 그의 말대로 정말 성공했다. 중성자 개수는 2분에 두 배씩 늘어났다. 페르미는 임계치에 도달한 지 4분 30초 만에 제어봉을 다시 꽂아 가동을 중단시켰다. 계속 놔두면 통제 불능이 됐을 것이다. 콤프턴은 즉각 상부에 성공 사실을 보고했다.

"이탈리아 항해사가 신세계에 도착했습니다."

맨해튼 프로젝트는 극비리에 진행하는 군사 프로젝트이므로 암호로 대화를 했다.

"원주민은 어떻소?"
"매우 우호적입니다."

이렇게 세계 최초의 원자로가 탄생했다. 이후 유진 위그너Eugene Wigner는 본격적인 원자로를 만들어 핵무기 제조에 사용될 원료인 플루토늄을 생산했다.

Instagram

 10대가 알아야 할 핵의 역사

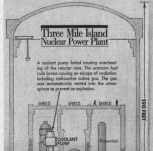

Radiation Spreads 10 Miles From A-Plant Mishap Site

핵발전소 역사상 최초의 중대 사고로 기록된 미국의 스리마일 사고. 이 사고는 직원의 사소한 실수들이 겹치면 2중, 3중의 안전장치를 마비시켜 대형 사고로 이어질 수 있다는 것을 잘 보여주는 사례다. 이 사고로 핵발전소에 아무리 안전장치를 추가해도 안심할 수 없다는 점이 드러났다.

#장면13 #스리마일 #지미_카터

미국은
새 핵발전소를 짓지 않겠다

스리마일, 최초의 중대 핵발전소 사고

"에잇! 또 막혔네."

1979년 3월 27일 오후 5시, 미국 펜실베이니아 주 서스쿼해나 강 가운데 있는 스리마일Three Mile 핵발전소에서 일하던 직원이 투덜거렸다. 이 직원은 터빈실에 있는 2차 냉각수에 사용하는 필터condensate polisher : 137쪽 그림에서 14번 장치를 청소하고 있었다. 이 필터는 응축기와 냉각수 펌프 사이에서 물에 남아 있는 찌꺼기를 제거하는 장치다. 이 필터는 꽤 자주 막히는 편이다. 직원은 필터에 압축공기를 불어넣어서 뚫어보려 했지만 이날 따라 찌꺼기가 많이 쌓였는지 쉽게 뚫리지 않았다. 짜증이 난 직원은 필터를 다시 끼우고 파이프에 물을 강제로 주입해 필터의 찌꺼기를 흘려버렸다.

"오케이, 해결했어! 이제 들어가 쉬어야겠다."
"이봐! 작업 끝났나? 교대 시간 다 돼 가는데 빨리 와!"

직원들이 일을 마치고 저녁 식사를 하러 가는 동안 물에 씻겨 떠내려간 찌꺼기들은 파이프를 타고 흘러가다가 2차 냉각수 펌프를 고장 내버렸다.

여기서 잠깐 핵발전소의 구조를 살펴보자. 우라늄을 농축한 연료봉은 핵분열 반응으로 인해 매우 뜨거워지며 가만히 놔두면 점점 반응이 늘어나서 나중에는 통제 불능 상태가 된다. 그래서 핵분열 반응을 조절할 감속재가 필요하다. 감속재로 중수_{물분자에 있는 수소의 원}자핵이 양성자+중성자로 되어 있어 일반 물보다 무거운 물를 사용하는 원자로를 중수로, 경수_{일반 물}를 사용하는 원자로를 경수로라 부른다. 중수나 경수 같은 감속재는 핵분열 반응을 조절하기도 하지만 뜨거운 연료봉을 식히는 냉각수 역할도 한다.

스리마일 핵발전소는 2기의 가압경수로로 구성된 발전소다. 가압경수로란 감속재로 쓰는 물에 압력을 가해 사용하는 경수로를 말한다. 물에 압력을 가하면 끓는점이 올라가 섭씨 100도가 되어도 끓지 않는다. 섭씨 100도 이상의 뜨거운 물을 만들 수 있는 것이다. 이렇

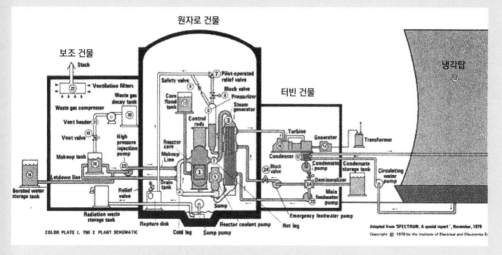

▲ 스리마일 원자로 개요도 ©IEEE Spectrum 1979

▲ 미국 펜실베니아 주 서스쿼해나강 건너편에서 바라본 스리마일 핵발전소.
1979년 사고 이후 영구 폐쇄되었다.

게 고압의 감속재는 원자로 노심Reactor core : 137쪽 그림의 1번 장치에 있는 연료봉에 닿아서 고온의 물이 되어 파이프를 타고 순환하는데 이를 1차 냉각수라 부른다. 1차 냉각수가 흐르는 파이프는 증기발생기Steam Generator : 그림의 3번 장치로 들어간다. 여기서 2차 냉각수를 끓여 증기를 만든다. 1차 냉각수가 원자로를 식히고, 2차 냉각수가 1차 냉각수를 식히는 방식이다. 냉각수를 1차, 2차로 나눈 이유는 방사능 누출을 막기 위해서다. 1차 냉각수는 연료봉에 닿아서 방사능 물질을 포함하고 있으므로 외부 누출을 철저히 막아야 한다.

다시 3월 27일 밤으로 돌아가 보자. 펌프 고장으로 인해 2차 냉각수 순환이 멈추자 1차 냉각수 온도가 점점 올라가기 시작했고 이에 따라 원자로가 과열되면서 1차 냉각수 압력도 올라갔다. 이윽고 28일 새벽 4시, 압력이 허용 기준치를 넘기자 배기 밸브PORV : 137쪽 그림에서 7번 장치가 자동으로 열리면서 1차 냉각수 압력을 낮추려고 시도했다. 그래도 압력이 계속 올라가자 비상정지SCRAM가 작동, 모든 제어봉이 즉시 원자로 내부에 삽입되었다. 제어봉은 원자로 내의 중성자를 흡수해 핵분열 반응을 중단시키는 장치다. 다행히 핵분열 반응이 멈췄기 때문에 이제 냉각수를 부어 뜨거워진 원자로를 식히고 1차 냉각수 압력을 낮추기만 하면 된다.

그런데 여기서 예상치 못한 문제가 발생했다. 1차 냉각수 압력이 기준치까지 떨어졌는데 배기 밸브가 자동으로 닫히지 않은 것이다.

그런데 황당하게도 제어실 계기판에는 밸브가 닫혔다고 표시되었다. 애초에 계기판을 만들 때 실제 밸브가 열렸는지 닫혔는지를 확인하지 않고 그저 제어장치가 자동으로 밸브를 닫으라는 신호를 보내면 밸브가 닫혔다고 표시되도록 만든 것이다. 제어실 직원이 이를 알 리가 없었다.

이제 사태는 걷잡을 수 없이 흘러갔다. 제어실에는 수백 개의 경고등이 들어왔다. 윌리엄 지위William Zewe 감독은 무슨 상황인지 도저히 파악할 수 없었다.

"에잇! 어쩌라는 거야!"

"감독님, 분명 비상 펌프가 작동하는데 왜 온도가 안 떨어지죠? 이상한데요?"

"그걸 내가 어떻게 알아!"

"저……"

옆에 서 있던 직원이 뭔가 말을 하려는 듯 머뭇거렸다.

"뭐야?"

"그…… 그러니까 아까 필터 청소하느라 제가 블록밸브 137쪽 그림에서 24번 장치를 잠갔습니다."

"비상 펌프가 작동하는데 왜 온도가 안 떨어지죠?
이상한데요?"

밸브가 잠겨 있었기 때문에 비상 펌프가 증기발생기에 냉각수를 공급하지 못하고 있었던 것이다. 그때 누군가 다급히 말했다.

"감독님, 비상노심냉각시스템ECCS이 가동되기 시작했습니다."

ECCS는 1차 냉각수 압력이 떨어지지 않도록 고압펌프 137쪽 그림에서 15번 장치로 물을 주입하는 장치다. PORV가 열려 있어서 1차 냉각수가 계속 줄어들었기 때문에 자동으로 작동하기 시작한 것이다.

"잠깐, 1차 냉각수 수위가 너무 높잖아? 압력이 계속 떨어지고 있는데 왜 수위는 올라가지?"
"매뉴얼에 따르면 가압기에 물이 가득 차면 원자로 제어가 어려워지기 때문에……."
"나도 알아! ECCS를 당장 꺼버려. 오작동이 분명하군."

하지만 ECCS는 오작동이 아니었다. 분명 1차 냉각수는 계속 줄어들었지만 과열로 인해 끓어서는 안 되는 1차 냉각수가 끓기 시작했고 거품 때문에 수위가 올라간 것으로 측정되었을 뿐이었다. 제어실은 1차 냉각수가 부족하다는 생각을 하지 못했다.
상황은 더 심각해졌다. 1차 냉각수가 줄어들어 연료봉이 노출되었고 녹아내리기 시작했다. 또 연료봉을 감싸고 있던 지르코늄 합금이 공기와 반응해 수소가 발생, 오후 1시 50분경 폭발했다. 게다가 PORV를 통해 빠져나간 1차 냉각수를 모으는 배출가스 저장 탱크가 넘쳐 방사능 오염수가 보조 건물로 흘러들어갔다. 이제 발전소 밖으로 방사능 물질이 빠져나가기 시작했다.

"통제실! 무슨 일이야? 방사능 수치가 급상승했다! 어떻게 된 거야?"

감독 포함 4명밖에 없는 통제실 직원들로는 속수무책이었다. 그러는 사이에 5000도 이상의 초고온으로 달궈진 연료봉은 이제 원자로 바닥을 녹이기 시작했다. 다섯 겹의 방호벽 가운데 네 번째 방호벽까지 뚫렸다. 오전 7시, 마침내 발전소에 비상사태가 선포됐다. 만약 마지막 방호벽이 뚫리면 초고온 연료봉은 이론상 지구 중심까지 파고 들어갈 것이다. 지구 중심으로 가기 전에 지하수 층에 들어가면 미국 전역의 지하수가 방사능에 오염될 수도 있었다.

감독의 머릿속에 며칠 전 극장에서 보았던 영화 〈차이나 신드롬〉이 떠올랐다. 차이나 신드롬China Syndrome이란 냉각장치가 고장난 원자로에서 초고온으로 달아오른 핵연료 덩어리가 원자로 바닥을 녹이고 뚫고 들어가 지구 반대편인 중국까지 간다는 가설이다.

'그 말도 안 되는, 재수 없는 영화를 보는 바람에 내가 영화 제목과 똑같은 사고를 당하는구나.'

이때 망연자실한 감독을 정신 차리게 하는 외침이 들렸다.

"찾았다! 가압냉각수 압력 방출 밸브가 새고 있었어!"

근무 교대를 하러 온 직원이 16시간 만에 사고 원인을 찾아냈다. 냉각수가 심각하게 부족하다는 걸 파악한 직원들은 보조 급수 펌프를 작동시켜 최악의 사태를 피했다. 연료봉은 절반 이상 녹은 상태였지만 다행히 원자로가 파괴되는 것은 막았다. 만약 원자로가 파괴됐다면 미국 본토는 온통 방사능으로 오염될 수도 있었다.

하지만 발전소는 방사능에 오염되었다. 1년 3개월 동안 원자로에는 사람이 들어갈 수 없었고 1982년에야 연료봉 피해 상황을 확인할 수 있었다. 방사능 오염 제거 작업 등 복구에는 14년이 걸렸고 10~18억 달러가 들었다.

한편 핵발전소 사고 소식을 들은 펜실베이니아 주 정부는 인근 지역에 대피령을 내렸다. 충격과 공포에 빠진 주민 10만여 명이 일시에 도시를 빠져나갔다. 다행히 방사능 누출은 극히 미미했다. 반경 16km 이내 주민들의 방사능 노출 수준은 X-선 촬영을 2~3번 한

UNNECESSARY PERSONNEL
STAY BEHIND LINES

미국 펜실베이니아주 스라마일아일랜드(TMI) 핵발전소에서 사고가 발생하자
지미 카터 당시 미국 대통령이 통제실을 돌아보고 있다.
원전을 대거 건설해 석유 위기에서 벗어나려던
카터의 구상은 사고로 일시 중지됐다.

수준이었다.

이 사고는 당시로서는 세계 최악의 핵발전소 사고였으며 오염이 없고 비용이 적게 드는 꿈의 에너지원으로 각광 받던 원자력의 이미지가 한순간에 뒤집어졌다. 최첨단 과학기술 수준을 자랑하던 미국에서 일어난 사고였기에 충격은 더 컸다. 이 사건으로 미국 내에서는 핵발전소를 반대하는 운동이 확산됐고 지미 카터 대통령은 더 이상의 핵발전소 건설을 하지 않겠다고 선언했다. 30년도 더 지나버락 오바마 대통령이 핵발전소 건설 재개를 선언하면서 2012년에야 조지아 주 보그틀 핵발전소 증설이 승인되었다.

스리마일 핵발전소 사고는 인류에게 심각한 교훈을 안겨주었다. 아무리 안전장치를 이중, 삼중으로 만들어도 사소한 실수 하나가 이를 무용지물로 만들 수 있다는 것이다.

10대가 알아야 할 핵의 역사 ⋮

역대 최악의 핵발전소 사고는 구 소련의 체르노빌 폭발 사고다. 1986년에 발생한 사고 현장에는 30년도 더 지난 지금까지도 사람이 살 수 없다. 체르노빌 사고는 안전장치조차 사람이 중지시키면 아무런 기능도 할 수 없다는 사실을 잘 보여준다.

#장면14 #체르노빌

우리가 다른 행성에서 살 것이 아니라면

체르노빌, 역사상 최악의 핵발전소 사고

"이봐, 이따 새벽에 원자로 가동 중단 실험한다는 얘기 들었어?"

1986년 4월 25일, 구 소련 우크라이나의 키이우 주에 있는 체르노빌 핵발전소에서 독특한 실험이 준비되고 있었다. 원자로 가동이 중단될 경우 터빈이 얼마 동안 전기를 추가로 생산할 수 있는지를 알아보자는 것이었다.

"응. 하필이면 내가 근무하는 날 일을 벌일 게 뭐람. 우리 부소장은 너무 일 욕심이 많아."

"그 얘기 못 들었나? 아들이 백혈병으로 사망한 뒤로 원자력 연구에 미친 듯이 매달린다잖아."

"에이. 아무렴. 아들이 죽은 게 벌써 10년도 더 지났는데……."

"아무튼 지난번 실험이 제대로 안 돼서 다시 하는 거니까 이번엔 제발 성공하라고. 내가 근무하는 날 또 이런 실험을 하고 싶지는 않으니까."

1978년 체르노빌 핵발전소에 부임한 아나톨리 댜틀로프Anatoly Dyatlov 부소장 겸 수석 엔지니어는 원자로가 정지할 경우 비상용 디젤 발전기가 전력을 공급하는 데 1분이나 걸리는 문제를 신경 썼다. 원자로에 전력 공급이 중단되면 냉각펌프가 멈춰 냉각수가 순환하지 않고 연료봉이 과열돼 심각한 사태가 발생한다. 이는 미국의 스리마일 핵발전소 사고에서 똑똑히 확인했다. 핵발전소 사고를 막는 데 1분이라는 시간은 너무 길었다. 댜틀로프 부소장은 원자로가 정지한 뒤에도 터빈이 관성에 의해 한동안 돌면서 전기를 생산하는데 그 시간이 1분을 넘기는지 확인하고 싶었다. 사실 이런 실험은 전에도 있었고 다른 핵발전소에서도 한 적이 있었다.

실험 예정일인 4월 25일 새벽 1시가 되자 체르노빌 핵발전소 4호기 원자로에 제어봉이 삽입됐다. 제어봉은 중성자를 흡수해 핵분열 반응을 줄이는 장치다. 원래 체르노빌 핵발전소 원자로의 열출력은 3200MW메가와트인데 새벽 3시 47분에 정격출력의 50%인 1600MW

▲ 정식 명칭은 '레닌 공산주의 기념 체르노빌 핵발전소'였다.
이 발전소는 체르노빌 시에서 북서쪽으로 16㎞, 우크라이나 키이우에서 북쪽으로 104㎞ 떨어진
프리피야트 마을에 지어졌다. 1971년에 착공하여 1983년 완공되었다.
흑연으로 핵분열 반응을 감속, 제어하는 구형 원자로 4기를 가지고 있었으며
각 원자로는 1000MW의 전력을 생산할 수 있었다.

까지 떨어뜨려 오후 2시까지 그 수준을 유지했다. 실험에 방해가 될까 봐 비상노심냉각시스템ECCS도 정지시켰다. 기술자들은 위험하다고 주장했지만 댜틀로프는 단칼에 묵살했다.

"부소장님, 키이우 배전 담당자가 전력이 왜 떨어졌냐면서 정상 공급을 요청하는데요."

"실험 중이니까 좀 기다리라고 해."

"안 그래도 그렇게 얘기했는데 그쪽에선 들은 바 없다, 정식 허가 받고 하는 실험 맞느냐고 따지는데요."

"쩝. 그럼 어쩔 수 없군. 하지만 더 높일 수는 없고 지금 수준을 유지시켜 준다고 해. 일단 실험을 중단하고 밤 11시까지 현상 유지한다."

원자로의 출력을 올리고 내리는 문제는 그리 간단하지 않다. 원자로가 완전 중단된 상태에서 재가동 절차를 밟아 100% 출력까지 끌어올리는 데는 일주일이나 걸린다. 핵분열 반응은 무척 불안정하고 통제가 어렵기 때문에 급격히 출력을 바꾸면 위험하다.

밤 11시가 돼서야 실험을 재개해 출력을 다시 낮추기 시작했다. 그런데 아무도 예상하지 못한 현상이 원자로 내부에서 진행되고 있었다. 장시간 저출력을 유지한 탓에 중성자가 부족했고, 정상 상태

135
Xe
Xenon-135

라면 중성자를 흡수해 사라졌을 제논-135가 쌓인 것이다.

제논-135는 양성자 54개, 중성자 81개로 이루어진 물질로 핵발전소의 핵분열 과정에서 발생하는 골칫거리다. 반감기가 9시간으로 매우 짧은데, 자연 상태에서 9시간 만에 제논-135 원자의 절반이 방사성 붕괴를 통해 세슘으로 바뀐다. 즉, 며칠 지나면 제논 135는 거의 사라진다는 말이다. 그런데 제논-135는 모든 물질 가운데 가장 강력한 중성자 흡수력을 가지고 있다. 그래서 원자로에 제논-135가 쌓이면 중성자를 흡수해버려 핵분열이 억제된다. 그렇다고 핵분열을 촉진시키기 위해 제어봉을 빼놓고 놔두면 제논-135가 방사성 붕괴로 점점 줄어들기 때문에 핵분열이 급격히 늘어날 수 있다. 그래서 원자로를 멈춘 후 곧바로 재가동할 때는 제어봉 삽입 속도를 잘 조절해야 한다.

체르노빌 핵발전소에서 바로 그 문제가 발생했다. 제논-135가 쌓여있다는 생각을 하지 못하고 곧바로 재실험에 들어간 이들은 일단 자정까지 출력을 720MW까지 낮췄고, 26일 새벽 0시 30분경 500MW까지 낮췄다. 그런데 출력제어를 자동제어로 전환하자 갑자기 출력이 30MW로 툭 떨어졌다. 놀란 직원들은 제어봉을 더 꺼내서 출력을 높이려고 했다. 새벽 1시가 돼서야 200MW까지 출력이 다시 올라갔는데 이상하게 더 이상 올라가지는 않았다. 쌓여있던 제논-135가 중성자를 흡수하면서 핵분열을 방해한 것이다. 직원들은 출력을 높이기 위해 제어봉을 안전 기준인 30개에 훨씬 못 미치는 6~8개만 남겨두고 모조리 뽑아버렸다.

어쨌든 다틀로프는 실험을 강행했다. 새벽 1시 23분 4초, 발전용 터빈으로 가는 증기를 차단시키자 냉각펌프에 들어가는 전력이 줄어들고, 냉각수의 흐름도 느려졌다. 그러자 원자로가 과열되면서 냉각수가 끓기 시작했고 냉각수가 줄어들자 핵분열 반응이 급격히 늘어났다. 원자로 출력이 정상치의 100배로 치솟았고 증기압으로 인해 원자로가 폭발할 지경에 이르렀다. 당황한 직원들은 1시 23분 40초에 긴급 정지 시스템AZ-5을 작동시켜 제어봉을 삽입했다. 그러나 너무 많은 제어봉을 빼냈던 탓에 전체 삽입에 18초가 걸렸다. 이미 늦었다. 고온의 연료봉이 물을 분해해 수소를 만들어내기 시작했다.

1시 24분, 고압의 증기가 폭발을 일으켰고 곧바로 수소가 폭발했다. 이 폭발로 원자로 덮개가 들려 공기가 유입, 불이 붙었다. 8톤의 핵연료를 포함해 히로시마 핵폭탄의 400배에 달하는 방사능 물질이 사방으로 흩어졌다.

폭발과 화재가 발생하자 소방대가 출동했다. 이들은 방사능에 대한 아무런 대비 없이 목숨을 걸고 화재를 진압, 오전 5시경 무사히 임무를 마쳤다. 사고가 발생한 4호기 옆 3호기에 불이 옮겨붙었다면 상상을 초월하는 재앙이 발생했을 터였다.

그런데 이들이 뿌린 대량의 물이 원자로 내의 고온 물질들과 반응해 수소를 비롯한 가연성 물질들을 만들어냈다. 결국 오후 9시 41분 대폭발이 발생, 50m에 달하는 불기둥을 만들어냈다. 그제야 물을 뿌리면 안 된다는 걸 깨달은 소련 정부는 헬리콥터를 이용해 붕소, 납, 흙 등을 뿌리는 방식으로 바꿨다. 그러나 이 방법도 강한 방사선 때문에 계속할 수 없었다. 다행히 3호기 원자로에 있던 액체질소를 이용해 4호기 화재를 완전히 진압할 수 있었다.

화재는 진압했지만 어마어마한 방사능 잔해들과 녹아내리는 연료봉 등 사태는 여전히 진행 중이었다. 소련 정부는 급히 니콜라이 타라카노프Nikolai Tarakanov 장군을 사태 해결의 책임자로 임명했다. 그는 특단의 조치가 필요함을 곧장 알아차렸다.

"저 콘크리트 더미들을 치우려면 20만 명이 필요합니다."

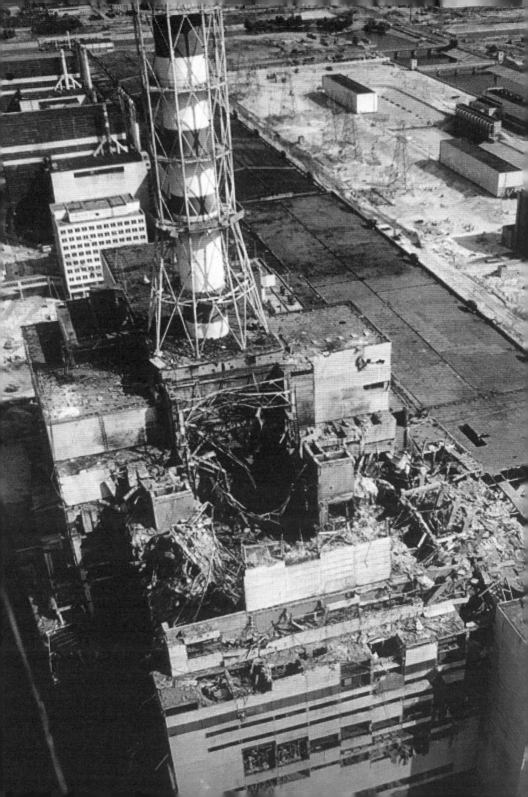

"자네 미쳤나? 2천 명도 아니고 20만 명?"

"당신이 현장을 한 번 가보십시오. 방사선 때문에 근처에는 가지도 못합니다. 그렇다고 방사선 방호복이 있습니까? 거기서 한 시간만 작업해도 목숨 부지하기 힘듭니다. 2천 명이 1시간씩 일하느니 20만 명이 40초씩 일하는 게 위험을 분산시킬 수 있습니다."

그의 판단이 옳았는지는 후세에 가서 판단할 일이고 일단 빨리 사태를 수습하지 못하면 소련, 나아가 지구 전체가 방사능에 오염될지도 모를 절체절명의 순간이었다. 소련 정부는 모든 연방 소속 국가들에서 인구비례로 인원을 징발, 무려 20만 명의 인력을 투입했다. 타라카노프 장군 말처럼 작업자들은 몇 벌 안 되는 임시 방호복을 번갈아 입으며 40초씩 일하고 돌아왔다. 그래도 다소간의 방사선 피폭은 피할 수 없었다.

초기 화재 진압을 한 소방대와 발전소 직원, 그리고 20만 인력의 희생으로 방사능 피해를 최소화할 수 있었다. 그러나 체르노빌 핵발전소 사고로 얼마나 많은 사람들이 피해를 입었는지는 집계조차 불가능하다. 일단 폭발로만 1200명 가량이 사망했다. 인구 5만 명의 도시였던 프리피야트는 유령도시가 되었다. 인근 지역에 살던 사람까지 모두 35만 명 이상이 고향을 떠났고 100만 명에 가까운 사람들이 병들어 노동 불능 상태가 되었다. 하지만 이들이 병든 게 방사능 때문인지는 명확히 증명하기 힘들다. 방사능에 피폭되어도 수년에서 수십 년의 잠복기를 지나 암이나 백혈병에 걸릴 확률이 높기 때문이다.

세계보건기구WHO는 가장 심하게 방사능에 피폭된 지역에서 죽은 사람이 1만4천~1만7천 명에 이를 것으로 보았다. 그린피스의 위탁으로 발표된 연구 보고서는 전 세계에서 9만3천 명이 죽고 13만7천 명이 갑상선 암에 걸렸다고 했다. 독일 원자력안전위원회는 10만 명이 죽었다고 보았다. 누가 맞는지는 아무도 모른다.

발전소에서 빠져나온 방사능 낙진은 바람을 타고 지구를 한 바퀴 돌아 전 세계에 퍼졌다. 기류와 날씨, 강우량에 따라 방사능 피해 정도는 지역마다 천차만별이다. 누출된 방사성 물질의 종류는 40종 이상, 양은 비활성 기체를 제외하고 1996년 추산치로 5.3엑사베크렐EBq에 달한다. 1엑사베크렐은 100경 베크렐과 같다. 히로시마 핵폭탄의 400배에 달한다.

유럽 전체에 걸쳐 19만 제곱킬로미터에 이르는 방대한 영역이 제곱미터 당 37킬로베크렐kBq 이상의 방사능으로 오염되었다. 특히 체르노빌에서 바람을 타고 곧바로 날아간 벨라루스의 경우 전 국토의 22% 가량이 오염되었다. 우크라이나는 40%의 삼림이 방사능에 오염되었다.

사고 직후 사망한 직원인 순환펌프 기사 발레리 호뎀추크Valery

Khodemchuk의 시신은 아직 오염 구역에 있었다. 방사능 오염으로 들어갈 수 없기 때문이다.

마침내 1986년 10월에야 거대 석관을 완성해 체르노빌 핵발전소를 완전히 덮어버릴 수 있었다. 그리고 2016년 우크라이나는 석관 위에 더 큰 석관을 씌우고 2065년을 목표로 체르노빌 핵발전소 해체 작업을 준비하고 있다.

체르노빌 사고는 인간의 오만함과 부주의가 얼마나 참혹한 결과를 낳는지 잘 보여준다. 핵발전소에 아무리 2중, 3중의 안전장치를 해도 결국 그것을 조종하고 관리하는 인간이 모든 것을 무용지물로 만들 수 있는 것이다. 당시 체르노빌 핵발전소에서 근무하다 복구작업에 참여했던 니콜라이 이사예프는 2011년 인터뷰에서 이런 말로 핵발전소 반대 입장을 밝혔다.

"우리가 다른 행성에서 살 것이 아니라면 이렇게 가는 것이 과연 맞는 걸까요?"

Instagram

 10대가 알아야 할 핵의 역사 ⋮

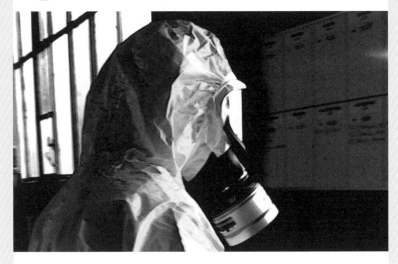

일본은 예로부터 지진과 화산이 빈번히 일어나는 나라였다. 이런 나라에 핵 발전소가 무려 18개, 원자로 54기가 돌아가고 있었다. 물론 지진에 대비해 상당한 수준의 안전시설을 갖추어 놓았다. 하지만 자연은 때때로 상상을 뛰어넘는 재앙을 인간에게 안겨주곤 한다. 세계 3위의 원자력 대국을 자랑하던 일본은 대규모 지진해일에 무력하게 무너지고 말았다. 그러나 이런 자연재해의 이면에는 인재人災가 숨어 있었다.

#장면15 #후쿠시마

일본 국토 20%를 잃은 것이나 다름없다

후쿠시마, 천재天災인가 인재人災인가

"긴급 상황! 긴급 상황! 모든 원자로 가동 상태 확인하라!"

2011년 3월 11일 오후 2시 46분, 일본 도호쿠 지방 태평양 해역에서 리히터 규모 9.0 일본 관측사상 최대 규모의 지진이 발생하였다. 이에 따라 도호쿠 지방 후쿠시마 현에 있던 후쿠시마 제1핵발전소에 초긴장 상태가 조성됐다.

"원자로 1, 2, 3호기 자동으로 긴급 정지됐습니다!"

"나머지는?"

"4호기는 분해점검, 5, 6호기는 정기검사로 정지 상태였습니다!"

"지진이 생각보다 크다. 끝까지 긴장 늦추지 말고 특히 지진해일에 대비하라."

"외부 변전시설이 무너졌습니다. 전력 공급이 중단됩니다!"

"비상용 발전기 풀가동!"

핵발전소를 지을 때는 예상되는 지진에 대비하여 튼튼하게 짓는다. 후쿠시마 제1핵발전소는 사상 최대의 지진에도 무너지지 않았다. 다만 발전소 주변의 송전선과 변전시설 등은 지진의 피해를 입었다. 하지만 이럴 때를 대비해 비상용 발전기가 준비되어 있다. 또 원자로에서 발생하는 열을 제거하기 위한 비상노심냉각장치도 정상 작동했다. 하지만 요시다 마사오吉田昌郎 발전소장은 긴장을 늦추지 않았다. 이렇게 강력한 지진은 생전 처음이었다.

"저…… 원자로 1호기 내 방사선 양이 급증하고 있습니다. 뭔가 문제가 생긴 것 같은데요."

"기다려, 지금은 그게 문제가 아니다. 지진해일까지 보내고 나서 자세히 살피기로 하자."

진짜 재난은 지진이 아닌 지진해일에서 왔다. 지진해일이란 해저에서 발생한 지진 때문에 발생한 높은 파도로 '쓰나미'라고도 한다.

지진해일은 일반 파도보다 속도가 빠르고 지진 규모에 따라 파도 크기도 커 상상 이상의 피해를 입히곤 한다.

"지진해일 접근 중! 10분 후 도착!"

"높이는?"

"잠시만…… 15m입니다."

"뭐, 뭐라고!"

후쿠시마 제1핵발전소는 설계 당시 5m 높이의 지진해일을 최대 규모로 예상하고 방호벽을 만들었다. 15m 높이의 지진해일에 방호 벽은 무용지물이었다. 발전소는 물바다가 되었다. 지하로 흘러들어 간 바닷물에 비상용 발전기가 침수, 정지하였고 다른 전기시설들도 모두 손상되었다. 냉각수 펌프를 포함해 발전소의 모든 장치가 멈췄고 냉각수 순환이 안 뇌사 원사로 내부 온도와 입력이 점치 오르기 시작했다. 마침내 마사오 소장은 전원완전상실SBO: Station Black Out을 선언했다.

"당황하지 마라! 우리 원자로는 SBO 상태에서도 8시간을 버틸 수 있어! 일단 비상용 발전기를 언제 고칠 수 있는지 알아보고, 배터리도 찾아봐."

"3호기, 5호기 배터리는 쓸 수 있습니다. 나머지는 침수돼서 쓸 수 없는 상황입니다."

"외부 지원은?"

"아까 5시에 회사에서 비상용 발전차가 출발했는데 도로가 막혀서 오질 못하고 있습니다. 외부 지원 복구는 포기해야 할 것 같습니다."

"회사가 안 되면 후쿠시마 현청에 연락해서 지원을 요청해 봐."

"살았습니다! 6호기 비상 발전기가 살아있습니다!"

하지만 배터리 2개와 발전기 하나로 6개의 원자로를 지키는 건 무리였다. 밤 11시에 도호쿠 비상용 발전차가 도착했지만 지진해일 경보가 나는 바람에 발전차는 대피해버렸다. 밤새 1~3호기의 냉각수가 모두 증발해버렸고 원자로 온도가 섭씨 1200도까지 올라갔다. 3중으로 된 방호벽도 모두 녹아내려 핵연료가 새어나오기 시작했다. 특히 연료봉을 감싸고 있던 지르코늄이 고열에 반응, 수소가 발생하기 시작하면서 폭발 위험이 커졌다.

"결단해야 합니다. 이러다 원자로가 폭발합니다. 그리고 노심용융이 일어나 연료봉이 발전소 바닥을 뚫고 내려가기 시작하면, 그때 가면 정말 대책이 없습니다. 제발……."

"결단해야 합니다. 이러다 노심 용융이 일어나
연료봉이 발전소 바닥을 뚫고 내려가기 시작하면,
그때 가면 정말 대책이 없습니다. 제발……."

후쿠시마 제1핵발전소를 운영하는 도쿄전력은 초상집이었다. 사장인 시미즈 마사타카는 사고 발생 직후 사라져버렸고 나머지 경영진은 원자로를 포기하고 해수를 부어 연료봉을 식혀야 한다는 압력을 받고 있었다. 하지만 원자로에 민물이 아닌 바닷물을 부으면 복구가 불가능하다. 5조 원에 달하는 핵발전소를 포기할 수는 없었다.

현장의 직원들이 자기 차에서 배터리를 떼어와 비상장치들을 작동시키려고 노력하고 있던 그 시각, 도쿄전력의 경영진은 사태 수습보다는 책임을 누구에게 떠넘길지에 신경을 곤두세우고 있었다. 사실 지진 발생 8일 전 도쿄전력이 참여한 문부과학성 산하 지진조사위원회는 초대형 지진해일이 당장 발생할 수 있다고 경고했지만 위원들의 항의로 보고서에는 지진해일 관련 내용을 삭제했다. 보고서에 그런 문구가 들어가면 방호벽을 높이든 뭔가 대책을 세워야 하는데 그게 다 돈이기 때문이었다.

12일 아침, 간 나오토菅直人 총리가 후쿠시마 제1핵발전소로 달려갔다.

"아니, 내가 새벽에 압력용기의 공기 배출을 허가했는데 왜 아직도 이러고 있나?"

"저…… 전력이 없어서 밸브를 돌릴 수가 없습니다."

"어떻게든 냉큼 밸브를 돌려!"

총리는 절망했다.

'왜 하필이면 내 임기 중에 이런 사고가 발생하는가. 수많은 지진에도 끄떡 않던 발전소가 왜 하필이면 내 임기에……'

총리의 호통에 직원들은 방사선을 뚫고 들어가 수동으로 밸브를 돌렸다. 수증기 압력을 낮춰 원자로의 폭발은 간신히 막았다. 하지만 냉각수를 빨리 넣지 않으면 원자로가 녹아내릴 판이었다. 그리고 수소 문제도 여전히 남아 있었다.

도쿄전력이 우물쭈물하는 사이, 12일 오후 3시 36분에 1호기에 쌓인 수소가 마침내 폭발했다. 후쿠시마 제1핵발전소는 이제 일본을 넘어 세계의 주목을 받게 되었다. 그날 저녁, 원자로에 바닷물을 주입하기로 결정이 났다. 그러나 도쿄전력은 총리와 발전소 현장 사이에서 계속 바닷물 주입을 방해했다. 그러는 바람에 사태는 더욱 악화되었다. 14일 3호기, 15일 4호기에서 수소가 폭발했다. 냉각수 주입을 위해 접근하던 자위대는 물론 직원들도 도망가기 시작했다. 인근에 있는 미나미소마시에 자위대가 와서 핵발전소가 폭발하니 100km 밖으로 대피하라고 소리치는 일까지 있었다.

15일 새벽, 간 나오토 총리가 도쿄전력을 방문해 직원 철수를 막았다. 만약 도쿄전력이 이 상황에서 후쿠시마 제1핵발전소를 방치

지진과 쓰나미로 피해를 입은 후쿠시마 핵발전소 위성사진 ©http://observer.com

한다면 핵연료가 녹아내리면서 일본도 함께 무너져 내릴 판이었다. 결국 발전소장과 몇십 명의 직원, 소방관과 자위대가 달라붙어 바닷물을 계속 쏟아부어 사태를 무마했다.

2013년 3월 11일 기준 후쿠시마 사고로 사망한 사람은 최소 789명이다. 이들은 발전소에서 사망한 사람, 피난 도중에 죽은 사람, 핵발전소 사고로 병원이 마비되면서 숨진 사람들이다. 방사능 피폭으로 인한 암이나 백혈병은 아직 나타나지 않은 경우가 많을 것이므로 앞으로도 사망자는 계속 늘어날 것이다.

후쿠시마 사고로 대기에 노출된 방사성 물질의 양은 0.37엑사베크렐$_{EBq}$이며 2호기에서 나온 고농도 오염수의 경우는 도쿄전력 자료에 따르더라도 3.3EBq이다. 전문가들은 체르노빌 사고의 10~15% 정도 되는 방사성 물질이 빠져나왔고 80% 이상이 태평양으로 흘러갔을 것으로 추정한다. 후쿠시마 핵발전소에서 40km 떨어진 이타테 시에서 1제곱미터 당 326만 베크렐의 세슘이 검출됐는데, 체르노빌 당시 반경 30km 안에서 1제곱미터 당 55만 베크렐의 세슘이 검출된 것과 비교하면 6배에 달한다. 일본 정부는 후쿠시마 핵발전소에서 유출된 방사성 물질인 세슘-137이 히로시마 핵폭탄의 168.5배라고 밝혔지만 노르웨이 대기연구소는 일본 정부가 유출량을 절반으로 축소했다고 분석했다.

후쿠시마 참사가 발생한 지 여러 해가 지났지만 아직도 후쿠시마 제1핵발전소에서는 방사능이 새 나오고 있다. 국제환경단체 그린피스는 후쿠시마 방사능 오염이 22세기까지 지속될 것이라고 경고했다. 원자로 내부가 얼마나 녹아내렸는지, 아직도 녹아내리고 있는지는 아무도 모른다. 방사선과 열이 너무 강해서 로봇조차도 내부에 들어갈 수 없는 것이다.

사고 처리 과정에서 원자로에 쏟아부은 바닷물이 다시 바다로 흘러나가 태평양을 오염시켰다. 일본은 지금도 오염수를 정화해 바다에 흘려보내려고 시도하지만 정화된 오염수에는 기준치를 넘는 방사능 물질이 섞여 있음이 확인되었다. 그리고 세계무역기구에서는 한국의 후쿠시마산 수산물 수입 금지에 대한 일본의 제소로 재판이 진행되었으나 2019년 최종 패소했다.

후쿠시마 참사 후 간 나오토 총리는 "사실상 일본 국토 20%를 잃은 것이나 다름없다"고 말했다고 한다. 그나마 20%에 그쳐 다행이라고 해야 할까?

후쿠시마 참사는 자연의 힘 앞에 인간이 얼마나 무기력한 존재인지 똑똑히 말해준다. 하지만 얼마든지 피해를 줄일 수 있었음에도 기업의 이익에 눈이 멀어 피해를 눈덩이처럼 키운 점도 분명 존재한다. 후쿠시마 참사는 자연재해와 인재人災가 겹친 사건이다.

우리는 뉴스에서 핵무기, 핵발전에 관한 소식을 보고 듣는다.
하지만 알 수 없는 용어들과 복잡하게 얽힌 개념들로 인해 무슨 말인지 도통 이해하기 힘들다.
이렇다 보니 핵에 관한 잘못된 지식이나 편견, 유언비어가 사실인 양 퍼지기도 한다.
핵폭탄이나 핵발전소는 아인슈타인의 공식 $E=mc^2$에서 갑자기 툭 튀어나온 것이 아니다.
수많은 과학자들이 원자의 세계를 하나씩 밝혀내면서 서서히 자신의 모습을 드러냈다.
핵물리학의 역사와 기초 지식을 알면 핵무기나 핵발전의 원리를 이해하는 데 도움이 될 것이다.

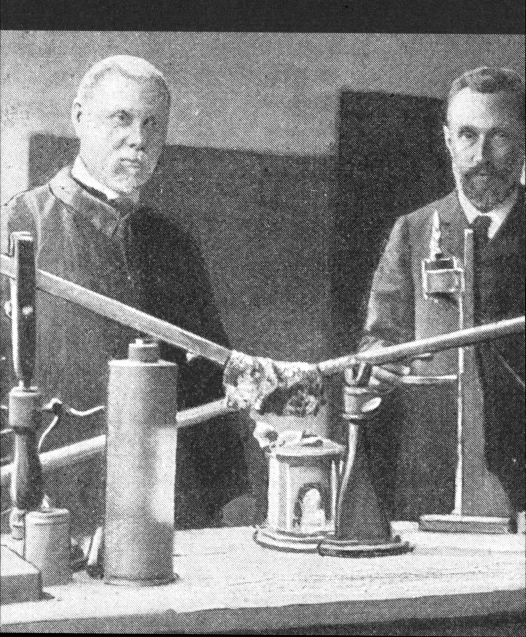

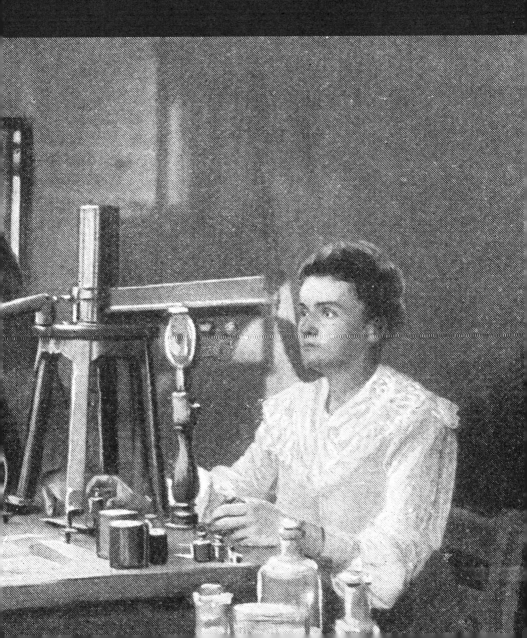

원자의 발견부터
핵분열의 발견까지

10대가 알아야 할 핵의 역사

모든 물질은 원자로 이루어졌다는 사실은 이제 초등학생도 알고 있다. 그럼 원자는 무엇으로 이루어졌을까? 원자가 쇠구슬처럼 하나의 덩어리라고 생각하던 시절, 과학자 톰슨은 원자가 둘 이상의 더 작은 입자가 모여서 이루어져 있음을 밝혀냈다. 원자의 구조를 연구할 길이 열리면서 인류는 원자를 직접 다루는 시대로 접어들었다.

#장면16 #존_돌턴 #조지프_톰슨

장면 16

원자의 구조를 밝혀내다

톰슨, 전자의 발견

"아톰atom이라는 말은 고대 그리스어에서 따온 건데 더 이상 쪼갤 수 없다는 뜻입니다. 기원전 5세기 고대 그리스 철학자 데모크리토스는, 만물이 더는 쪼갤 수 없는 입자로 이루어져 있다고 처음으로 주장했습니다. 1803년 존 돌턴John Dalton은 자신의 연구 결과를 토대로 원자설을 제안했습니다. 돌턴에 따르면, 화학반응이라는 건 원자와 원자의 결합 방법만 바뀌는 것입니다."

조지프 톰슨Joseph Thomson 케임브리지대 교수의 수업은 학생들 사이에서 아주 인기였다. 그는 오전에 초급반 강의를 하고 오후에는 대학원 강의를 했는데, 그런 식으로 강의를 하다 보면 기본 개념을 다시 익힐 수 있어서 연구에 도움이 된다고 여겼다. 그의 제자들 가운데 노벨물리학상을 받은 이가 무려 7명이나 되었다. 러더퍼드, 막스 보른, 오펜하이머 등 오늘날 물리학 교과서에 등장하는 근대 물리학자들의 상당수가 그의 제자였다.

톰슨은 수업도 수업이지만 연구소 경영 능력도 탁월했다. 그가 소장으로 있던 캐번디시연구소는 당시 대학의 지원을 거의 받지 못했다. 영국 왕립학회가 주는 정부 보조금은 쥐꼬리만 했고 자선단체나 기업의 기부금도 없었다. 그런 상황에서도 그는 학생들의 수업료를 쪼개 써 가며 연구소 건물을 두 채나 더 지었다.

1897년 4월 30일, 영국 왕립연구소 금요저녁회의에서 톰슨은 중요한 발표를 했다. 자신이 지난 4개월 동안 해 온 음극선 연구를 통해 원자보다 더 작은 미립자를 발견했다는 것이다. 톰슨은 이 미립자가 마이너스 전기를 띠고 있었으며, 실험을 통해 그 미립자의 전하량과 질량의 비도 측정했다고 밝혔다. 훗날 사람들은 이 미립자를 전자라고 불렀다. 과학자들에게 톰슨의 발견은 충격 그 자체였다. 당시만 해도 원자가 물질의 가장 작은 근본 입자였기 때문에 원자보다 작은 입자란 존재할 수 없다고 여겼기 때문이다.

"아시다시피 음극선 연구는 원래 마이클 패러데이가 발견한 전기 방전에서 출발합니다. 독일의 플뤼커는 방전된 불꽃이 자석 근처에

▲ 학자들은 조지프 톰슨이 발견한 미립자를 '전자'라고 불렀다. 하지만 톰슨은 전자를 발견한 공로로 노벨상을 받을 때조차 '전자'라는 이름을 쓰지 않고 '미립자'를 고집했다.

서 휘는 현상을 발견했습니다. 플뤼커의 제자 히토르프는 진공 유리 관에서 방전된 광선이 음극에서 나오는 것을 확인했고, 골트슈타인 은 이 광선을 음극선이라고 불렀습니다."

"잠깐만, 우리가 뭐 다 아는 얘기 들으려고 여기 모인 건 아니고, 당신은 지금 그 음극선이 원자보다 작은 미립자라고 주장하고 싶은 것 같은데, 대체 원자의 종류 가운데 하나가 아니라고 단정하는 근 거가 뭐요?"

독일 과학자들에 대한 언급이 계속해서 이어지자 한 성질 급한 과학자가 말을 끊었다.

"우리 영국의 크룩스 경이 진행한 연구에 따르면, 음극선은 일반 원자들이 만드는 기체, 액체, 고체 상태와는 다르고 따라서 이걸 제 4의 상태라고 했는데, 그러면 음극선은 원자의 또 다른 상태일 뿐이 지 원자가 아니란 소리는 아니지 않소?"

당시 영국 과학자들은 독일이나 프랑스 같은 유럽 대륙 국가들의 과학적 성과에 민감하리만큼 경쟁심을 느꼈다. 영국을 경쟁상대로 여기기는 대륙 과학자들도 마찬가지였다. 사실 영국과 유럽 대륙 사 이의 갈등은 매우 오랜 역사적 뿌리를 가지고 있으며 오늘날 영국의 유럽연합 탈퇴브렉시트, BREXIT로까지 이어졌다.

아무튼 윌리엄 크룩스William Crookes의 발표 후 독일의 헤르츠Heinrich Hertz는 음극선이 물질이 아닌 빛의 일종이라고 주장했다. 다른 독일 과학자들도 헤르츠의 주장에 동조했다.

"다들 재작년에 있었던 뢴트겐의 X-선 발견을 알고 계시겠지요?"

톰슨은 자신의 연구가 방사선과 연관이 있음을 밝혔다. 뢴트겐은 1895년 X-선을 발견했다. 이번에도 독일 과학자 얘기가 나오자 미간을 찌푸리기 시작한 과학자들 앞에서 톰슨은 말을 이었다.

"그 X-선을 기체에 쪼였더니 기체가 플러스 전기를 띠었습니다. 다들 알다시피 X-선 자체는 전기를 띠지 않습니다. 그리고 기체가 전기를 띤 후에도 X-선은 전기를 띠지 않았습니다. 이건 X-선과 충돌하면서 원자에 있는 마이너스 전기를 띤 입자가 떨어져 나갔다는 걸 의미합니다."

톰슨은 전부터 원자의 분할 가능성에 관심이 많았으며 전기를 띤 근본 입자가 있어야 한다는 생각을 하고 있었다. 톰슨은 X-선의 기체 이온화 현상을 연구하면서 원자 안에 전기를 띤 더 작은 입자가 들어있다는 결론을 내렸다.

"그 음극선의 정체는 바로 원자 안에 있던 마이너스 전기를 띤 입자입니다. 이번 실험을 통해 이 전기를 띤 미립자의 질량이 수소 원자의 1000분의 1 정도밖에 되지 않는다는 걸 확인했습니다."

"음……."

가장 가벼운 수소 원자의 1000분의 1 질량이라면 원자보다 더 작은 미립자가 존재한다는 것을 인정하지 않을 수 없었다. 영국의 과학자들은 톰슨의 주장에 점점 빠져들었다.

"그럼 원자는 그 미립자들이 뭉쳐있는 입자라는 거구만."

"아니지, 그러면 원자 자체가 마이너스 전기를 띨 게 아닌가. 톰슨의 주장대로라면 플러스 전기를 띤 미립자도 있어야겠지. 그래서 그게 반반 섞여 있는 게 원자여야, 원자는 전기적으로 중성일 게 아닌가."

과학자들은 톰슨이 발견한 미립자를 '전자'라고 불렀다. 하지만 톰슨은 과학자들이 내놓은 여러 가지 전자 이론이 마음에 들지 않았다. 그는 전자를 발견한 공로로 노벨상을 받을 때조차 '전자'라는 이름을 쓰지 않고 '미립자'를 고집했다.

톰슨이 전자를 발견한 후, 많은 과학자들이 원자의 구조 연구에 열정적으로 나섰다. 1903년 5월 나가오카 한타로_{長岡半太郎}는 도쿄 대학에서 열린 도쿄수학물리학회에

▲ 톰슨의 원자 모형

서 플러스 전기를 띤 입자가 중앙에 있고 그 주위를 전자들이 고리 모양으로 돌고 있다는 토성 원자 모형을 발표했다. 하지만 과학자들이 보기에 토성 원자 모형은 너무 불안정했다. 액체나 기체는 모르겠지만 고체의 경우 무수히 많은 원자가 자기 자리를 잡고 고정된 모양을 이루고 있는데, 원자들이 가까이 있으면 전자들끼리 충돌할 게 아닌가. 수많은 팽이들이 서로 충돌하지 않고 자기 자리를 지키며 돌고 있다는 게 믿기지 않았다.

톰슨은 토성 원자 모형에 반발해 새로운 원자 모형을 고안했다. 플러스 전기를 띤 푸딩 같은 것이 있고 전자들이 푸딩 안팎을 돌아다니는 모형인데, 흔히 건포도 모형 혹은 건포도 푸딩 모형이라 불렀다. 하지만 안타깝게도 건포도 푸딩 모델은 톰슨의 제자인 러더퍼드에 의해 곧바로 깨지고 말았다.

10대가 알아야 할 핵의 역사

과학자는 끈질긴 연구와 우연한 기회를 통해 새로운 사실을 발견한다. 러더퍼드가 원자핵을 발견하면서 인류는 원자의 실체에 한층 더 다가갔고 원자핵을 직접 연구할 수 있게 되었다. 그러나 원자는 자신의 모습을 그리 쉽게 보여주지는 않았다. 인간이 들여다보기에 원자는 너무 작았다. 한 과학자가 풀지 못한 숙제는 그의 제자가 풀기 마련이다. 러더퍼드와 보어의 관계가 그러했다.

#장면17 #어니스트_러더퍼드

물리학자는 악어처럼 오직 앞으로 전진하라!

러더퍼드, 원자핵의 발견

"자네 실험엔 오차가 너무 많아. 뭘 잘못 건드린 게 아닌가?"

1909년 영국 맨체스터에서 알파입자 충돌 실험을 하던 어니스트 러더퍼드Ernest Rutherford, 한스 가이거Hans Geiger, 어니스트 마스던Ernest Marsden 연구팀은 난관에 부딪혔다. 매우 얇게 편 금박에 알파입자를 충돌시켰더니 대부분은 예상대로 관통했지만 일부 알파입자가 90도 이상 크게 휘는 현상이 발생한 것이다. 충돌 실험에 굳이 값비싼 금을 이용한 이유는, 금이 그만큼 얇게 펴지는 성질이 좋기 때문이었다.

"아니, 알파입자가 90도 이상 휜다면 이건 휜 게 아니라 튕겨 나갔다고 해야겠는데? 금 원자 안에 실력 좋은 골키퍼라도 있는 모양이야."

러더퍼드는 실험 결과를 자신이 좋아하는 축구에 빗댔다.

"8천 개 중 한 개꼴로 튕겨내는데 그럼 대부분은 골인이란 소리니 골키퍼 실력이 형편없는 거지. 이건 그냥 오차야. 다시 한번 실험해 보세."

마스던은 자기 연구 결과를 믿지 않았다. 하지만 아무리 반복 실험을 해 봐도 결과는 마찬가지였다. 이들은 뭔가 자신들이 알고 있던 이론에 큰 오류가 있다는 결론에 다다랐다. 원자는 톰슨의 주장처럼 푸딩 속에 건포도가 박힌 모습이 아니었던 것이다. 만약 원자가 푸딩 같은 입자라면 알파입자는 모두 금박을 뚫고 나갔을 것이다. 사실 이 실험은 원자의 구조를 알기 위한 것은 아니었다. 알파입자의 성질을 연구하기 위해 알파입자가 금박을 얼마나 통과하는지를 측정하는 실험이었다.

19세기 후반 방사선이 발견된 이후 많은 물리학자들이 방사선 연구에 뛰어들었는데, 그 선두에 러더퍼드가 있었다.

뉴질랜드에서 태어난 러더퍼드는 줄곧 장학금을 받으며 최고의 실험 물리학자로 성장했다. 1895년 러더퍼드는 영국 유학길에 올랐다. 물론 장학생 자격으로. 그는 영국 케임브리지 대학의 캐번디시 연구소에서 톰슨과 함께 연구하면서 자신의 실력을 한껏 발휘할 수 있었다.

러더퍼드는 1898년 방사선이 두 가지 종류임을 확인했다. 1902년에는 한 가지 종류를 더 발견했다. 이제 방사선은 쉽게 흡수되는 알파선, 음극선과 유사한 베타선, 투과력이 매우 강한 감마선으로 나뉘었다. 러더퍼드는 이 가운데 알파선이 헬륨 원자의 흐름이라는 것까지 알아냈다. 물론 정확히는 헬륨 원자에서 전자가 떨어져 나간 헬륨 이온이다.

알파입자는 황화아연 결정판에 충돌하면 빛을 내고 사라진다. 이걸 이용해 과학자들은 알파선이 날아간 방향과 개수를 알 수 있었다. 이를 섬광계수법이라고 했는데, 말이 쉽지 이 실험은 매우 까다로운 작업이었다. 일단 섬광계수법을 이용하려면 빛이 전혀 없는 암실에서 실험해야 하며 작고 순간적으로 반짝이는 섬광을 세다 보면 눈이 매우 피로해지기 때문에 한 번에 2분 이상 작업할 수 없었다. 다행히도 러더퍼드와 함께 알파선 충돌실험을 한 가이거는 섬광계수법 관찰의 명수였다.

러더퍼드는 가이거의 능력을 눈여겨보고 알파선에 대한 다양한 실험을 진행시켰다.

"그래, 알파선이 금박을 뚫고 나가던가?"

마침 실험을 끝내고 나오는 가이거에게 러더퍼드가 물었다.

"네, 금박 뒤에 설치한 황화아연판에 섬광이 많이 나타났습니다."
"혹시 모르니까 다른 방향에서도 알파입자가 관측되는지 한번 해
보게."

다음 실험에 대한 구상이 아직 없었던 러더퍼드는 시간이나 때울
겸해서 별생각 없이 추가 실험을 지시했다.

'쳇, 누가 악어 아니랄까 봐……'

암실에서 섬광 개수를 세느라 눈알이 튀어나올 것 같던 가이거는
러더퍼드가 들리지 않게 투덜거렸다. 악어는 러더퍼드의 별명이고
이 때문에 캐번디시 연구소의 상징이 악어가 되었다. 러더퍼드는,
자기 고향인 뉴질랜드에는 악어가 흔하다면서 물리학 연구도 악어
처럼 고개를 돌리지 않고 오직 앞으로 나아가며 큰 입으로 모든 것

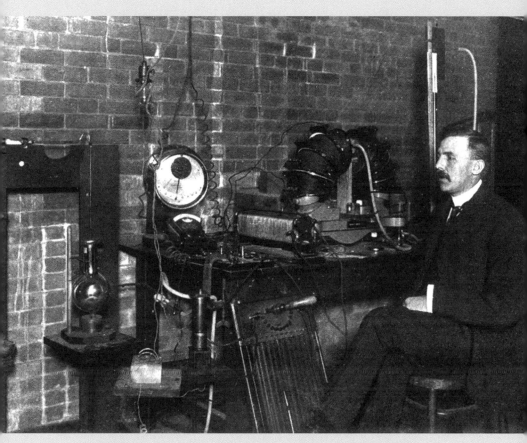

▲ 어니스트 러더퍼드(Ernest Rutherford, 1871~1937)는 뛰어난 수학 실력을 보였지만
돈이 없어서 공부를 계속할 수 없었다. 유일한 길은 장학금을 받는 것이었는데,
1등으로 뽑힌 학생이 의사가 되겠다며 장학금을 포기함에 따라 2등이었던 러더퍼드가
기회를 잡게 되는 기적이 일어났다. 러더퍼드는 감자 캐던 삽을 내던지고 뉴질랜드를 떠나
영국 케임브리지 대학으로 가서 조지프 톰슨을 만났다.

▲ 러더퍼드의 원자 모형

을 삼켜버려야 한다고 얘기하곤 했다. 아무튼, 악어처럼 밀어붙인 연구가 놀라운 결과를 낳을 줄은 아무도 예상하지 못했다. 알파입자 가운데 극히 일부가 얇은 금박을 뚫지 못하고 튕겨 나온 것을 두고 러더퍼드는 "이 현상은 화장지 조각에 15인치 포탄을 발사했는데, 그게 반사되어 돌아온 것만큼 놀라운 일이다"라고 하였다.

이들은 원자 한가운데에 매우 작고 무거운 플러스 전기를 띤 입자가 있고, 전자는 이 입자에서 멀리 떨어져 퍼져 있다는 가설을 세웠다. 금박을 향해 날아간 알파입자의 극히 일부가 이 작고 무거운 입자와 충돌하면서 튕겨 나간 것이다. 원자 안에서 플러스 입자와 마이너스 입자전자는 서로 잡아당기기 때문에 가만히 놔두면 서로 달라붙어 버릴 것이다. 따라서 전자는 플러스 입자 주위를 열심히 돌아야 한다. 마치 태양 주위를 지구가 열심히 돌고 있기 때문에 지구가 태양에 빨려 들어가지 않는 것처럼. 마침내 러더퍼드는 1911년 새로운 원자 모형을 제시했다.

"그러니까, 전자가 원자핵 주위를 빙글빙글 원운동한다는 거지요?"

1911년 5월 7일, 맨체스터 철학협회에서 새로운 원자 모형을 발표하는 러더퍼드를 향해 질문이 쏟아졌다.

"맞습니다. 전자가 마이너스 전기를 띠고 있으니 원자핵은 플러스 전기를 띤 양성자로 이루어져 있습니다. 원자의 질량 대부분은 이 양성자가 가지고 있습니다."

러더퍼드는 자신만만하게 대답했다.

"그런데 좀 이해가 안 가는 게, 전자가 원운동을 하면 말이오, 원운동은 가속운동이니까 전기를 띤 물체가 가속운동을 하면 전자기파가 나온단 말이지. 맥스웰의 전자기이론에 따른다면 말이오. 그럼 원자에서 계속 전자기파가 나와야 하는데 말이지."

"전자기파가 나온다는 건 에너지를 방출한다는 건데, 그럼 전자가 에너지를 잃고 결국 원자핵에 빨려 들어가지 않겠습니까?"

"······."

러더퍼드는 생각지 못한 반론에 아무런 답변을 할 수 없었다. 이 반론은 결국 2년 후 러더퍼드의 제자인 닐스 보어 Niels Bohr 가 해결해 주었다.

10대가 알아야 할 핵의 역사

보어는 양자역학을 통해 원자의 실체에 더욱 근접했다. 인간의 눈으로 들여다볼 수 없는 원자의 세계는 우리의 상식이 통하지 않았다. 양자역학은 상식을 초월한 원자 내부의 질서를 알려주며, 이를 통해 인간은 원자보다 훨씬 작은 원자핵 내부까지 들여다볼 수 있게 되었다. 핵폭탄, 핵발전에 관한 복잡한 이론은 모두 양자역학에 토대를 두고 있다.

#장면18 #닐스_보어

아인슈타인과 쌍벽을 이룬 물리학의 신

보어, 전자는 특정 궤도만 돈다

"형의 논문에 대해 사람들이 흥미를 보이고 있긴 해요. 하지만 제 느낌엔 보른Max Born이나 마델룽Erwin Madelung을 비롯한 과학자들 대부분이 믿지 않는 것 같네요. 그들은 형의 가설이 너무 대담하고 환상적이라고 생각하고 있어요."

1913년 닐스 보어Niels Bohr가 세 편의 연작 논문을 발표하자 학계는 발칵 뒤집혔다. 많은 과학자들은 보어의 주장을 미심쩍어했다. 동생 하랄 보어가 보낸 편지가 아니더라도 보어에게 배달된 많은 편지들이 이를 증명했다. 좀머펠트Arnold Sommerfeld도 보어에게 회의적인 편지를 보냈다. 보어의 이론은 단순했다. 전자는 원자핵 주위를

▲ 보어의 원자 모형

돌 때 아무렇게나 도는 게 아니라 특정 궤도만 돈다는 것이다. 그리고 특정 궤도를 돌 때는 기존의 전자기이론과는 달리 전자기파를 방출하지 않는다는 것이다. 밑도 끝도 없는 보어의 주장에 과학자들은 인정할 수 없다는 입장을 보였다.

덴마크 코펜하겐에서 태어난 닐스 보어는 어릴 때부터 과학 분야에 두각을 나타냈다. 금속 내 전자의 성질을 연구해 1909년 석사학위, 1911년 박사학위를 받았다. 그는 맥스웰James Maxwell이 정리한 고전 전자기학의 한계를 느끼고 전자를 발견한 톰슨에게 배우기 위해 영국 케임브리지 대학으로 갔다. 톰슨은 젊은 과학자를 친절하게 맞이했지만 이내 보어와 오랫동안 대화하기 어렵다는 걸 깨달았다. 보어는 영어에 서툴렀고 목소리도 유난히 작은데다가 자기 생각을 명확하게 표현하지 못했다. 훤칠한 키에 잘생긴 외모와 달리 보어는 수줍음을 많이 탔다.

"안녕하세요. 톰슨 교수님 밑에서 연구하는 보어입니다."
"예, 저도 톰슨 교수님 제자였습니다. 지금 막 솔베이 학술회의에 다녀오던 길인데 어떤 발표가 있었는지 궁금하지 않으세요?"

2011년 11월, 보어는 아버지의 지인을 만나러 맨체스터 대학을 방문했다가 우연히 러더퍼드를 만났다. 러더퍼드는 묻지도 않은 최신 물리학 동향에 대해 한참 설명했고 보어는 그런 러더퍼드에게 마음이 끌렸다.

"그런데 요즘은 무슨 연구를 하세요?"

"금속에 있는 전자의 특성을 연구하고 있는데 별다른 성과를 못 내고 있어요. 맥스웰 방정식만 가지고는 문제가 안 풀립니다."

"그러지 말고 저랑 원자 내 전자의 성질을 한번 연구해보면 어때요?"

1912년 4월, 보어는 자신에게 무관심해진 톰슨을 떠나 러더퍼드에게 갔다. 다행히 보어와 러더퍼드는 궁합이 잘 맞았다. 보어는 탁월한 이론 물리학지로, 리디피드는 뛰어난 실험 물리학사로 서로의 단점을 보완했다. 보어는 1911년 러더퍼드가 발표한 원자 모형의 약점을 보완하기 위한 연구에 착수했다. 왜 원자에 속한 전자는 전자기파를 방출하지 않는 것일까?

"보어, 우리 신혼여행 어디로 갈지 생각해봤어요?"

맨체스터에서 4개월 간의 체류 기간을 채운 보어는 결혼을 위해 코펜하겐으로 돌아갔다. 보어의 아내가 될 마그레테Margrethe Nørlund는 내심 신혼여행을 오래 즐기고 싶었다. 그러나 보어의 마음은 엉뚱한 곳에 가 있었다.

"마그레테, 아무래도 원운동하는 전자가 방출하는 전자기파 문제를 해결하려면 양자이론을 도입해야겠어. 플랑크는 흑체복사 연구를 통해 전자기파가 아무 에너지나 가질 수 있는 게 아니라 최소 에너지 단위의 배수로만 가질 수 있다고 했어. 에너지도 입자처럼 한 개, 두 개, 이렇게 셀 수 있다는 거지. 아인슈타인도 광전효과 연구를 통해 빛이 파장이 아니라 개수를 셀 수 있는 입자, 즉 광자라고 했지. 그렇다면 원자 안에서 운동하는 전자가 전자기파를 방출하지 않는 이유가 이와 관련이 있지 않을까?"

"네?"

"마그레테, 우리 신혼여행은 취소하고 그냥 맨체스터로 돌아가자. 지금 내 머릿속에서 원자 구조의 비밀이 거의 풀린 것 같아. 조금만 더 하면 될 것 같은데, 지금 신혼여행을 가면 흐름이 끊어……."

"지금 그걸 말이라고 해요?"

보어는 화가 난 마그레테를 달래느라 진땀을 뺐다. 둘은 절충점을 찾았다. 덴마크에서 노르웨이로, 다시 잉글랜드와 스코틀랜드를 거쳐 덴마크로 돌아오는 긴 신혼여행 중에 보어는 논문을 마무리지 었다. 보어는 글쓰기에 재능이 별로 없었는데, 보어가 말로 설명하면 마그레테가 그걸 글로 정리해주기도 했다. 마그레테는 글을 잘 썼고 영어에도 능했다.

신혼여행 후 보어는 코펜하겐 대학에서 교편을 잡았다. 1913년 2월, 코펜하겐에 보어의 친구 한스 한센H. M. Hansen이 나타났다. 괴팅겐에서 분광학 공부를 마치고 돌아온 것이다. 보어는 오랜만에 만난 친구에게 자신의 연구를 설명했다.

"자네 연구가 혹시 수소 원자의 선 스펙트럼과 관련이 있을까?"

"응? 그게 뭔데?"

"발머 계열 말일세."

"발머?"

"이런, 이런. 분광학 쪽은 전혀 들여다보질 않았구먼. 발머Johann Balmer는 바젤대학 교수였는데 1885년에 수소 원자에서 나오는 빛의 파장이 독특한 수열을 이룬다는 걸 발견했지."

"1885년이면 내가 태어난 해잖아? 정말 오래된 이론이군그래. 좀 더 자세히 설명해 보게."

"양 끝에 전극을 설치한 유리관에 기체를 넣고 고전압을 걸면 방전이 일어나는데 기체마다 특유의 빛이 나온다네. 발머는 수소를 넣고 실험을 했는데, 여기서 나온 빛을 프리즘에 통과시켰더니 특이한 간격의 여러 빛으로 나뉘었지."

"아니, 프리즘을 통과한 빛이 무지개처럼 연속으로 존재하지 않고 뚝뚝 끊겨서 나타난다고?"

"그래서 선 스펙트럼이라 부른다네. 연속 스펙트럼이 아니고."

"아까 파장이 수열을 이룬다고 했지? 식을 좀 알려주게나."

보어가 눈을 반짝이며 질문을 퍼붓자 한센은 신이 나서 설명했다. 한센의 설명을 다 듣고 난 보어가 갑자기 소리쳤다.

"바로 이거야! 모든 게 명확해졌어!"

보어는 수소 원자에서 나오는 빛은 바로 수소 원자핵 주변의 전자가 방출하는 것이라고 생각했다. 그럼 왜 다양한 파장의 빛이 연속으로 나오지 않고 특정 파장의 빛들만 나오는 걸까? 그것은 수소 원자의 전자가 특정 궤도만 돌기 때문이라고 생각했다. 다시 말해 전자가 특정 궤도를 돌 때는 빛을 내뿜지 않다가 궤도가 낮아지면 에너지를 잃고 그만큼의 빛을 방출한다는 것이다. 보어의 아이디어는 발머 계열을 정확히 설명했고 러더퍼드 원자 모형의 약점도 해결했다.

하지만 20대 후반에 불과한 청년 보어의 주장은 곧이어 과학자들의 반대에 부딪혔다. 아이디어는 획기적이지만 이론의 완성도가 떨어졌기 때문이다. 그러던 와중에 1914년 1차 세계대전이 일어났다. 유럽 전역이 전쟁터가 되었고 많은 과학자들이 전쟁터로 나가 연구가 사실상 중단되었다. 이때 나이가 많아 전쟁에 동원되지 않은 좀머펠트는 대학에서 보어의 원자 모형을 연구하여 더욱 정교하게 다듬었다. 한때 보어의 연구를 부정했던 좀머펠트가 역설적으로 보어의 이론을 완성시켜 준 셈이다.

한편 제임스 프랑크James Franck와 구스타프 헤르츠Gustav Hertz도 전자를 기체상태의 수은 원자에 충돌시키는 실험을 통해 보어의 원자 모형을 입증했다. 사실 이들은 보어의 원자 모형을 알지도 못했고 다른 목적으로 실험을 한 것인데, 1차 세계대전이 끝난 뒤에야 자신들의 연구 결과가 보어의 원자 모형을 확증한다는 걸 알게 됐다. 덕분에 이들은 노벨물리학상을 받았다.

보어는 새로운 원자 모형을 통해 현대 물리학의 양대 산맥 중 하나인 양자역학을 탄생시켰다. 다른 하나의 산맥은 물론 상대성이론이다. 그리하여 보어는 당대 과학자들에게 아인슈타인과 더불어 '신'의 경지에 이른 인물로 칭송받았다.

오늘날 상대성이론에 비해 양자역학은 그리 널리 알려져 있지 않

▲ 닐스 보어와 알베르트 아인슈타인. 훗날 두 사람은 화학자 어네스트 솔베이가 자신의 이름을 따 만든 학회 '솔베이 회의(1927년)'에서 양자역학에 대한 서로 다른 시각을 설득하기 위해 대토론을 벌인다.

다. 상대성이론은, 설명 과정은 복잡해도 결과는 단순하고 충격적인데 반해 양자역학은 설명도, 결과도 복잡해 비전문가는 무슨 이야기인지 이해하기 힘들다. 하지만 많은 사람들이 지금 이 시간에도 양자역학의 혜택을 받고 있다. 바로 반도체를 통해서다. 양자역학은 반도체의 특이한 성질을 잘 설명해준다. 이쯤 되면 스마트폰을 켤 때마다 보어의 업적을 찬양해야 하지 않을까?

10대가 알아야 할 핵의 역사 ⋮

오늘날 방사선의 위험은 초등학생도 안다. 하지만 그것을 처음 발견한 과학자들은 그 위험성을 알지 못했고 첫 희생양이 되어야 했다. 어찌 보면 과학자의 길은 외롭고 위태로운 탐험가의 길과 같다. 방사선의 발견으로 과학자들은 핵분열의 출입문 손잡이를 잡은 꼴이 되었다. 이제 손잡이만 돌리면 돌이킬 수 없는 핵분열의 진실을 만나게 될 것이다.

#장면19 #마리_퀴리 #피에르_퀴리 #앙리_베크렐

장면 19

헛간에서 찾아낸 폴로늄

베크렐과 마리 퀴리, 방사선을 발견하다

"여보, 이게 뭐예요?"

찬장을 열어본 앙리 베크렐Henri Becquerel의 아내가 낯선 물체들을 보고 물었다.

"돌멩이 같은데?"
"엇! 건드리면 안 돼요! 그거 실험하는 거야!"

혹시라도 건드릴까 봐 깜짝 놀란 베크렐이 소리를 질렀다.

"아니, 무슨 실험을 찬장에서 해요? 이런 건 실험실에 가서 좀 하지."

베크렐은 잔소리가 더 나오기 전에 서둘러 돌멩이를 치웠다. 찬장에 넣어 놓은 지도 꽤 됐으니 효과가 있지 않을까 싶었다.

요즘에야 스마트폰을 켜면 한밤중이라도 시간을 알 수 있지만, 불과 30년 전만 해도 야광시계가 매우 유용했다. 낮에 빛을 충분히 받은 야광물질은 밤에 신기한 빛을 뿜었다. 야광물질을 인광물질이라고도 하는데, 베크렐 집안은 3대째 인광물질과 형광물질을 연구해 온 명문 과학자 집안이었다.

1895년 말 독일의 뢴트겐은 우연히 X-선을 발견했다. 프랑스의 유명 수학자 앙리 푸앵카레가 이듬해 1월 인간의 뼈를 찍은 뢴트겐 사진을 파리 아카데미에서 공개하자 프랑스 과학계는 이 신비한 X-선에 큰 관심을 보였다. 베크렐은 자신이 연구하던 인광물질에서 나오는 빛의 정체가 X-선이 아닐까 생각했다. 그래서 뢴트겐의 실험처럼 검고 두터운 종이로 사진 건판을 싼 뒤에 동전을 올려놓고, 그위에 다시 인광물질을 올려놓은 다음 동전 모양이 찍히는지 실험해보았다.

실험은 순조로웠다. 낮에 햇빛을 잔뜩 받은 인광물질이 사진 건판에 선명한 무늬를 만들었던 것이다. 그는 인광물질이 빛을 받으면 X-선을 내뿜는다고 생각했다. 그런데 한 달이 지난 1896년 2월, 베크렐은 예상치 못한 난관에 부딪혔다. 프랑스 파리의 2월은 춥고 흐렸다. 도대체 햇빛을 볼 수가 없었다. 베크렐은 할 수 없이 실험 장비들

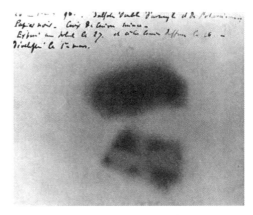

▲ 우라늄의 방사선에 노출된 사진 건판에 무늬가 찍혔다.

을 찬장 안에 넣어두었다. 사실 찬장에 있던 돌멩이는 보통 돌멩이가 아닌 우라늄이 섞인 인광물질이었다.

"어…… 어?"

찬장에서 실험 장비들을 꺼낸 베크렐이 이상한 점을 발견했다.

"왜 그래요? 난 그거 안 건드렸어요."
"아니, 그게 아니고…… 사진이 찍혔는데? 어떻게 된 거지?"

분명 날이 흐려서 햇빛을 못 받은 인광물질이었는데 1월의 실험

결과와 똑같이 사진 건판에 무늬가 찍혔다. 베크렐은 다른 인광물질로 여러 번 실험해 본 끝에 우라늄 성분이 있는 인광물질만이 햇빛을 받지 않아도 X-선을 내뿜는다는 결론을 얻었다. 그런데 성질은 비슷하지만 X-선과 달리 음극선관이 아닌 우라늄 광석에서 나왔기 때문에 X-선이라고 단정할 수는 없었다. 베크렐은 이 광선을 '베크렐선'이라고 불렀다.

"그래서 그게 X-선과 다른 게 뭐요?"

베크렐이 파리 아카데미에서 자신의 생각을 발표했을 때 과학자들의 반응은 시큰둥했다.

"음극선관을 안 쓰니 전기는 적게 먹겠네."
"하하하."

사실 아무런 에너지 공급 없이 돌멩이가 뭔가를 계속 방출한다는 건 매우 놀라운 발견이었다. 어쩌면 인류가 무한 에너지원을 발견한 것일 수도 있지 않은가. 하지만 당시에는 베크렐의 발견이 얼마나 중요한지 이해하는 과학자가 별로 없었다.

다만 퀴리 부부만은 달랐다. 피에르 퀴리 Pierre Curie와 마리 퀴리^{Marie Curie. 본명은 마리아 스쿠오도프스카}는 베크렐의 발견을 눈여겨보았다. 마리는 자신의 박사 논문 주제로 베크렐선을 선택했다.

"베크렐선이 과연 우라늄에서만 나올까요? 다른 물질에서도 나오지 않을까요?"

"그야 모르지. 하지만 지구에는 수없이 많은 물질이 있는데 어느 세월에 그걸 다 확인하겠소."

마리는 남편과 박사 논문 연구에 대해 이야기를 나눴다.

"베크렐선이 지나가면 공기가 전기를 띠게 되잖아요. 그걸 검전기를 이용해 측정할 수 있죠. 그러니 여러 광물질을 가져와서 검전기를 가까이 가져가 보면 베크렐선이 나오는지 알 수 있을 거예요."

"그거 좋은 생각이오. 내가 광물질 모으는 걸 돕지. 하지만……."

"알아요. 실험실을 부탁하진 않을게요. 헛간에서 작업하면 돼요."

당시 마리는 고등사범학교에서 강의하고 있었다. 그리고 그 학교에는 실험실이 있었다. 하지만 마리는 실험실을 쓸 수 없었다. 지금은 상상하기 힘들지만, 당시만 해도 프랑스에서 여성은 실험실에 출입할 수 없었다. 마리는 조국 폴란드에서는 아예 대학을 갈 수 없어서 프랑스로 유학을 온 상태였지만 여성에 대한 차별의 벽은 프랑스도 만만치 않았다.

비가 새는 헛간에서 엄청난 양의 광물질을 처리하는
고된 작업 끝에 마리는 마침내 우라늄보다
훨씬 강한 베크렐선을 내뿜는 물질을 찾아냈다.
1898년이었다.

비가 새는 헛간에서 엄청난 양의 광물질을 처리하는 고된 작업 끝에 마리는 마침내 우라늄보다 훨씬 강한 베크렐선을 내뿜는 물질을 찾아냈다. 1898년이었다. 남편 피에르도 자신의 연구를 중단하고 아내의 실험을 적극적으로 도왔다. 이들이 발견한 원소는 폴로늄이었다. 마리는 폴로늄에 관한 논문에서 베크렐선 대신 '방사선'이라는 이름을 썼다. 또 방사선을 내뿜는 물질의 성질을 '방사능'이라 불렀다. 폴로늄은 마리의 조국인 폴란드를 기리는 뜻에서 붙인 이름이었다.

1903년, 마리는 여성으로서 최초로 소르본대학에서 박사학위를 받았다. 그리고 같은 해 남편 피에르 퀴리, 베크렐과 함께 여성 최초로 노벨물리학상을 받았다.

"어머니, 괜찮으세요?"

부모님을 따라 과학자가 된 마리의 딸 이렌 졸리오 퀴리가 걱정스레 물었다. 나이가 들면서 마리는 건강이 급격히 나빠졌다. 병원에서는 골수암, 백혈병, 재생불량성 빈혈 진단을 내렸다.

"이렌, 아무래도 난 연구를 더 하기 힘들겠구나."
"그래요, 이제 공기 좋은 스위스 같은 데 가서 편하게 좀 쉬세요.

그리고 그 라듐 좀 치우면 안 될까요?"

마리가 살던 시대에는 방사능의 위험성이 널리 알려지지 않았다. 방사능 물질인 라듐은 만병통치약처럼 여겨졌고 심지어 라듐이 첨가됐다고 광고하는 화장품이 날개 돋친 듯 팔려나갈 정도였다. 마리는 자신이 발견한 라듐을 항상 주머니에 넣고 다니기까지 했다. 그러다 라듐이 함유된 페인트를 사용하던 사람들이 백혈병에 걸리면서 방사선의 위험성이 비로소 알려지기 시작했다. 하지만 마리의 병이 방사선 때문인지는 분명하지 않았다.

프랑스의 영웅이 된 마리는 끝내 숨을 거두고 국립묘지 팡테옹에 안장되었다. 오랜 기간 방사능 물질을 다뤘기 때문에 시신에서도 잔류 방사능이 검출될 것으로 예상했지만 검사 결과는 달랐다.

"으음…… 이거 예상과는 다른데?"

"그렇군. 그러고 보면 평생 방사선에 노출된 것 치고는 꽤 오래 산 셈 아닌가?"

"그렇다면 백혈병에 골수암은 그저 우연히 걸린 걸까?"

"자네 그거 알아? 지난 1차 세계대전 때 마리의 도움을 받은 부상병이 자그마치 100만 명이 넘는다네."

"아, 그 리틀 퀴리 말인가?"

리틀 퀴리는 마리가 개발한, X-선 진단장치를 실은 자동차를 말한다. 20대 정도 제작된 리틀 퀴리는 전장을 누비며 부상병을 진단하는 데 큰 도움을 주었다. 마리 자신도 리틀 퀴리를 타고 다니며 치료를 도왔다.

"내 생각엔 그때 X-선을 너무 많이 쪼인 게 아닐까 싶네."

"그럼 X-선도 몸에 해롭다는 건가?"

"그거야 아직 아무도 모르지. 하지만 나보고 X-선을 쪼라고 하면 난 사양할걸세."

X-선, 방사선이 인체에 어떤 영향을 미치는지는 꽤 오랜 세월이 흐르고 충분한 사례들이 쌓이고서야 확인할 수 있었다. 미지의 물질과 그 물질로 인한 현상을 다뤄야 하는 과학자들은 이처럼 초기 희생자가 되기도 한다. 하지만 그런 희생이 인류가 내딛는 큰 걸음의 밑거름이 된다.

10대가 알아야 할 핵의 역사

마리 퀴리와 더불어 여성 과학자로서 원자핵 연구에 큰 족적을 남긴 리제 마이트너. 하지만 동료에게 노벨화학상을 가로채인 비운의 과학자이기도 하다. 그리고 그가 발견한 핵분열 현상의 발견은 핵폭탄 개발의 도화선이 되었다.

#장면20 #리제_마이트너 #오토_한

물리학자들이 연금술에 성공했다

마이트너, 핵분열을 발견하다

동서양을 막론하고 고대부터 사람들은 값싼 재료로 금을 만들기 위한 연구를 해 왔다. 이를 연금술이라고 한다. 하지만 쇠, 납, 은 같은 금속을 가지고 아무리 노력해도 금은 나오지 않았다. 그도 그럴 것이 이들이 시도한 방법은 모두 화학반응이었다. 화학의 영어 단어인 케미스트리chemistry가 연금술alchemy에서 나온 것만 봐도 알 수 있다. 화학반응으로는 원소를 바꿀 수 없다. 원소를 바꾸려면 원자핵에 있는 양성자 개수를 바꿔야 하는데 화학반응으로는 이에 필요한 에너지를 줄 수 없다.

인류 최초로 연금술에 성공한 사람은 러더퍼드와 함께 연구하던 어니스트 마스던Ernest Marsden이다. 물론 엄밀히 말하자면 일부러 원소변환을 한 게 아니라 우연히 발견했으므로 연금술에 성공했다기보다는 연금술이 가능하다는 것을 발견했다는 게 맞겠다.

　1914년 마스던은 알파입자에 대한 실험 중 매우 빠른 수소입자를 발견했다. 처음에는 이 수소입자가 알파입자와 같이 방사성 물질에서 나온다고 생각했다. 러더퍼드는 이 문제에 대한 연구를 계속했다. 그리고 1919년, 수소입자가 방사성 물질에서 나오는 것이 아니라 인공 원소변환으로 만들어졌다는 것을 밝혀냈다. 즉, 알파입자가 공기 중의 질소와 충돌해 산소와 수소가 만들어졌다는 것이다. 질소의 원자핵은 양성자 7개, 중성자 7개로 되어 있다. 이게 알파입자, 즉 양성자 2개, 중성자 2개와 충돌해 양성자 8개, 중성자 9개인 산소와 양성자 1개인 수소로 바뀌었다는 것이다. 보통의 산소는 중성자가 8개로, 여기서 만들어진 산소는 일반 산소의 동위원소다.

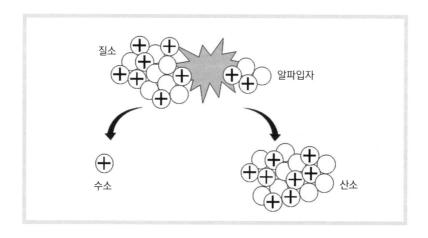

러더퍼드는 연구 과정에서 중성자라는 존재가 필요하다는 것을 알았다. 이전까지만 해도 과학자들은 중성자의 존재를 몰랐기 때문에 같은 원소이면서 원자량_{원자핵에 있는 양성자와 중성자의 개수}이 다른 현상을 설명하기 어려웠다. 마침내 1932년 제임스 채드윅_{James Chadwick}이 중성자를 발견했다. 중성자의 발견은 새로운 연금술, 즉 인공 원소변환 연구에 박차를 가했다. 알파입자가 다른 원자와 충돌하려면 플러스 전기를 띤 양성자끼리 밀어내는 반발력을 이겨야 한다. 하지만 중성자는 전기적으로 중성이기 때문에 반발력이 없다. 중성자로 손쉽게 원자핵을 때릴 수 있는 것이다.

1934년 졸리오 퀴리_{Irene Joliot-Curie, 1900~1958} 팀이 붕소, 마그네슘, 알루미늄 등에 알파입자를 충돌시켜 질소, 규소, 인의 동위원소를 만들었는데, 이 동위원소들은 반감기가 매우 짧아 이내 붕괴하면서 방사선을 내뿜었다. 최초의 인공 방사성 원소를 만든 것이다. 페르미 팀은 이에 착안해 알파입자 대신 중성자를 이용해 새로운 인공 방사성 물질을 만드는 데 성공했다. 이들은 원소주기율표에 따라 수소부터 하나씩 중성자 충돌실험을 했다. 하지만 수소부터 산소까지의 가벼운 원소들은 아무 반응이 없었다. 그러다가 불소_{플루오린}부터 반응이 나타나기 시작했다.

페르미 팀이 인공 원소변환 실험에서 앞서나갈 수 있었던 건 느린 중성자를 찾아냈기 때문이다. 그동안 실험에 사용한 중성자는 빠른 중성자였다. 빠른 중성자는 원자핵을 빠르게 지나치기 때문에 반응할 시간이 부족했다. 그런데 이 중성자를 파라핀에 쏘면 파라핀의 수소 원자핵과 충돌하면서 느린 중성자가 되어 나온다. 느린 중성자는 원자핵과 반응할 시간이 충분해 훨씬 유용했다.

실험이 거듭되면서 페르미는 원소주기율표의 가장 마지막에 있는 우라늄에 중성자를 쏴서 우라늄보다 더 무거운 초우라늄을 만들 수 있을 것으로 예상했다. 자연계에 없는 새로운 원소를 순수하게 인간의 힘으로 만들어낼 수 있다는 생각에 페르미는 흥분했다. 실험 결과 그들은 원자번호 92인 우라늄보다 더 무거운 93, 94번째 원소를 만들어냈다고 발표했다.

그런데 독일의 오토 한Otto Hahn, 프리츠 슈트라스만Fritz Straßmann, 리제 마이트너Lise Meitner는 같은 실험에서 다른 결과를 발표했다. 우라늄에 중성자가 충돌하면 초우라늄이 만들어지는 게 아니라 우라늄이 쪼개지는 핵분열이 발생한다는 것이었다. 처음에는 그들도 이 사실을 받아들이지 못했다. 원자핵이 쪼개진다는 것은 상상할 수 없었기 때문에 이 모순된 실험 결과를 어떻게 해석해야 할지 몰랐다. 오토 한은 실험 결과를 발표하면서 "화학자로서 말하자면 무거운 원소가 가벼운 원소로 바뀌었다고 말할 수 있지만, 물리학자로서 말하자면 이런 결과를 받아들일 수 없다"고 하였다.

유대계 학자였던 마이트너는 나치의 박해를 피해 1938년 네덜란

▲ 1909년, 독일 베를린의 에밀 피셔 화학연구소에서 실험 중인
리제 마이트너(Lise Meitner, 1878~1968)와 오토 한(Otto Hahn, 1879~1968).

드를 거쳐 스웨덴으로 도피했다. 그는 스웨덴 노벨연구소에서 일하며 우라늄에 중성자를 충돌시키는 실험에 대한 사색을 이어갔다.

"며칠 전에 오토 한과 슈트라스만이 편지를 보냈던데 무슨 내용이었나요?"

1938년 크리스마스를 앞두고 눈 덮인 숲속에서 함께 산책하던 조카 오토 프리슈가 마이트너에게 물었다. 닐스 보어의 제자인 프리슈도 마이트너와 함께 우라늄 연구를 하고 있었다.

"우라늄에 중성자를 쐈더니 바륨과 란탄이 나왔다는데 이걸 물리학적으로 좀 규명해 달라는구나."

"우라늄 양성자가 92개, 바륨 양성자가 56개, 란탄은⋯⋯, 음⋯⋯."

"란탄 양성자는 57개지."

"이상하네요. 우라늄에 중성자를 쏘면 우라늄보다 양성자가 더 많은 초우라늄이 되는 것 아니었나요?"

"당연히 그럴 거라고 봤는데, 그럼 바륨과 란탄은 어디서 왔을까?"

"물론 결과만 놓고 본다면⋯⋯."

프리슈는 말끝을 흐렸다. 결과만 놓고 본다면 명백하지만 차마 현실로 받아들이기 어려운 생각이 떠올랐기 때문이다.

"그래, 결과만 놓고 보면 우라늄이 쪼개져서 그 중간쯤 되는 바륨, 란탄, 이런 것들이 만들어진 거지."

"원자핵이 쪼개지는 게 가능할까요?"

마이트너는 문득 러시아의 물리학자 조지 가모프George Gamow가 예전에 한 말이 떠올랐다.

"가모프가 '원자핵은 액체방울과 같다'고 했는데, 그러면 물방울 하나가 여러 개로 나뉘듯 원자핵도 나뉠 수 있지 않을까? 왜 물방울이 길게 늘어나다가 둘로 쪼개지는 것과 같이 원자핵도 쪼개질 수 있지 않겠어?"

"물방울이 둘로 쪼개지려면 쪼개려는 힘이 표면장력을 이겨내야 하잖아요. 원자핵도 그런 식으로 계산할 수 있지 않을까요?"

마이트너는 떠오른 아이디어를 놓칠세라 나무줄기에 걸터앉은 채 종잇조각 위에 급히 계산식을 써 내려갔다. 그리고 우라늄 핵이 충분히 분리될 수 있음을 입증했다. 게다가 분리되면서 질량 손실에 따른 막대한 에너지가 방출된다는 것까지 계산했다.

LISE MEITNER

**1878 Wien | Vienna –
1968 Cambridge**

**Die Kernphysikerin Lise Meitner wurde 1926 Deutschlands
erste Professorin für Physik. 1939 veröffentlichte sie die erste
physikalisch-theoretische Erklärung der Kernspaltung, für die ihr
Kollege Otto Hahn 1944 mit dem Nobelpreis für Chemie ausge-
zeichnet wurde. Lise Meitner wurde dabei nicht berücksichtigt.**

The physicist Lise Meitner was the first woman to become a
professor of physics in Germany, in 1926. In 1939 she published
the first physical-theoretical explanation of.nuclear fission, for
which her colleague Otto Hahn won the Nobel Prize for chemistry
in 1944. Lise Meitner was not considered.

프리슈는 마이트너의 계산을 들고 코펜하겐으로 돌아가 닐스 보어에게 전했다. 보어는 이마를 치며 감탄했다. 마이트너의 아이디어가 알려지자 전 세계 과학계가 술렁였다. 아인슈타인은 마이트너를 '독일의 마리 퀴리'라며 극찬했다.

하지만 오토 한은 핵분열의 발견을 마치 자기가 한 것처럼 이야기했고 1945년 노벨화학상도 혼자 독차지했다. 심지어 "마이트너가 떠난 뒤에야 연구에 속도가 붙었다. 마이트너는 방해만 됐다"는 말까지 했다. 당시 노벨위원회는 물리학과 화학의 공동연구에 대한 이해가 부족했다. 사실 페르미 팀이나 퀴리 팀보다 오토 한 팀이 먼저 핵분열 아이디어를 낼 수 있었던 것은 화학자인 오토 한, 슈트라스만과 더불어 물리학자인 마이트너의 공동연구가 빛을 발했기 때문이었다.

마이트너는 독일의 과학자들이 나치에 부역했다며 비난했다. 하지만 맨해튼 프로젝트 참여 제인은 끝내 거부했다. 그 뒤 일본에 핵폭탄이 떨어지자 "그런 폭탄이 발명된 것에 대해 유감이다"라고만 짧게 심경을 밝혔다. 사실상 핵폭탄 제조 이론을 제공한 장본인이었기에 누구에게도 내보이고 싶지 않은 복잡한 마음이지 않았을까?

화장실 없는 아파트

'화장실 없는 아파트'라는 표현은 일본의 핵화학자 다카기 진자부로高木人三郎 박사가 남긴 말이다. 그는 원자력이란 일단 켜면 절대로 끌 수 없는 불과 같고, 핵발전소 산업이란 화장실 없는 아파트와 같은 것이라고 경고했다. 아파트는 사람이 사는 곳이다. 그런데 화장실이 없으면 어떻게 될까? 용변 처리를 할 수 없는 집에서는 사람이 살 수 없다. 마찬가지로 핵발전소는 전기를 만든 다음 핵폐기물을 토해내는데 아직 인간의 기술은 핵폐기물을 완전히 처리하지 못한다. 특히 고준위 핵폐기물인 사용 후 핵연료 처분 시설은 아직 그 어느 나라도 건설하지 못했다. 그러니 지금과 같은 대책 없는 핵발전은 문제가 많을 수밖에 없다. 인류의 과학기술과 정치사회 수준은

아직 핵을 온전히 다룰 단계가 아닌 걸까?

따지고 보면 고삐 풀린 망아지와 같은 핵무기와 핵에너지 개발은 닮은꼴이다. 핵무기 없는 세계가 요원한 이유는 국가 사이의 무한경쟁 때문이다. 어느 한 나라라도 핵무기를 갖고 있는 이상 다른 핵 보유국이 핵무기를 포기할 수는 없다. 비핵국가는 어떤 형식으로든 핵 보유국에게 굴복할 수밖에 없기 때문이다. 아직 국제질서는 힘이 좌지우지한다. 핵 보유국들은 비핵화를 요구하는 여론의 압박을 받으면서도 다른 핵 보유국의 눈치를 보며 핵을 포기하지 않는다.

핵발전 역시 마찬가지다. 핵발전을 통해 산업화와 경제적 이득을 보는 나라가 있는 한 다른 나라들도 핵발전을 포기할 수 없다. 과학기술과 경제 영역에서도 국제사회는 무한경쟁에 빠져 있다. 남들이 핵발전으로 경제발전을 하는 동안 나 혼자만 순수함을 지킨다고 해서 누가 박수를 쳐 주는 것도 아니지 않는가. 그러니 핵기술을 충분히 발전시킬 때까지, 아니면 대체에너지를 개발할 때까지 핵발전을 유보하자는 주장은 채택되기 어렵다. 히말라야 산맥에 있는 부탄이란 나라처럼 국내총생산GDP 지수를 포기하고 국민행복지수GNH를 기준으로 국가 운영을 하지 않는 이상 말이다.

이렇게 보면 핵무기 없는 세계를 만드는 길이나, 방사능의 공포에서 벗어난 세계를 만드는 길이나 모두 하나라는 걸 알 수 있다. 국제사회가 무한경쟁을 멈추고 서로 믿고 협력하는 관계로 나아가는 것이다. 그리고 물질적 풍요만큼이나 정신적 안정, 평화롭고 안전한 환경도 중요하다는 것을 인정해야 한다. 이런 이상적인 세계가 언제 가능할지는 미지수다. 하지만 핵 없는 세계는 이런 이상적인 세계와 함께 가능하다. 그리고 그런 이상적인 세계를 앞당기는 건 오늘을 사는 우리들, 인류의 몫이다.